U0186247

非物质文化遗产丛书
Intangible Cultural Heritage Series

北京绒鸟（绒花）

李俊玲 编著

北京市文学艺术界联合会 组织编写

北京出版集团
北京美术摄影出版社

图书在版编目（CIP）数据

北京绒鸟（绒花） / 李俊玲编著 ； 北京市文学艺术界联合会组织编写. — 北京 ： 北京美术摄影出版社，2021.10
（非物质文化遗产丛书）
ISBN 978-7-5592-0436-3

Ⅰ. ①北… Ⅱ. ①李… ②北… Ⅲ. ①绒绢—人造花卉—手工艺品—介绍—北京 Ⅳ. ①TS938.1

中国版本图书馆CIP数据核字（2021）第189532号

非物质文化遗产丛书

北京绒鸟（绒花）

BEIJING RONGNIAO (RONGHUA)

李俊玲　编著

北京市文学艺术界联合会　组织编写

出　版　北京出版集团
　　　　北京美术摄影出版社
地　址　北京北三环中路6号
邮　编　100120
网　址　www.bph.com.cn
总发行　北京出版集团
发　行　京版北美（北京）文化艺术传媒有限公司
经　销　新华书店
印　刷　天津图文方嘉印刷有限公司
版印次　2021年10月第1版　2022年5月第2次印刷
开　本　787毫米×1092毫米　1/16
印　张　12
字　数　173千字
书　号　ISBN 978-7-5592-0436-3
定　价　68.00元
如有印装质量问题，由本社负责调换
质量监督电话　010-58572393

编委会

组织编写

北京市文学艺术界联合会

北京民间文艺家协会

序

PREFACE

赵 书

2005 年，国务院向各省、自治区、直辖市人民政府，国务院各部委、各直属机构发出了《关于加强文化遗产保护的通知》，第一次提出“文化遗产包括物质文化遗产和非物质文化遗产”的概念，明确指出：“非物质文化遗产是指各种以非物质形态存在的与群众生活密切相关、世代相承的传统文化表现形式，包括口头传统、传统表演艺术、民俗活动和礼仪与节庆、有关自然界和宇宙的民间传统知识和实践、传统手工艺技能等，以及与上述传统文化表现形式相关的文化空间。”在“保护为主、抢救第一、合理利用、传承发展”方针的指导下，在市委、市政府的领导下，非物质文化遗产保护工作得到健康、有序的发展，名录体系逐步完善，传承人保护逐步加强，宣传展示不断强化，保护手段丰富多样，取得了显著成绩。第十一届全国人民代表大会常务委员会第十九次会议通过《中华人民共和国非物质文化遗产法》。第三条中规定“国家对非物质文化遗产采取认定、记录、建档等措施予以保存，对体现中华民族优秀传统文化，具有历史、文学、艺术、科学价值的非物质文化遗产采取传承、传播等措施予以保护”。为此，在市委宣传部、组织部的大力支持下，北京市于2010年开始组织编辑出版“非物质文化遗产丛书”。丛书的作者为非物质文化遗产项目传承人以及各文化单位、科研机构、大专院校对本专业有深厚造诣的著名专家、学者。这套丛书的出版赢得了良好的社会反响，其编写具有三个特点：

第一，内容真实可靠。非物质文化遗产代表作的第一要素就是项目内容的原真性。非物质文化遗产具有历史价值、文化价值、精神价值、科学价值、审美价值、和谐价值、教育价值、经济价值等多方面的价值。之所以有这么高、这么多方面的价值，都源于项目内容的真实。这些项目蕴含着我们中华民族传统文化的最深根源，保留着形成民族文化身份的原生状态以及思维方式、心理结构与审美观念等。非遗项目是从事非物质文化遗产保护事业的基层工作者，通过走乡串户实地考察获得第一手材料，并对这些田野调查来的资料进行登记造册，为全市非物质文化遗产分布情况建立档案。在此基础上，各区、县非物质文化遗产保护部门进行代表作资格的初步审定，首先由申报单位填写申报表并提供音像和相关实物佐证资料，然后经专家团科学认定，鉴别真伪，充分论证，以无记名投票方式确定向各级政府推荐的名单。各级政府召开由各相关部门组成的联席会议对推荐名单进行审批，然后进行网上公示，无不同意见后方能列入县、区、市以至国家级保护名录的非物质文化遗产代表作。丛书中各本专著所记述的内容真实可靠，较完整地反映了这些项目的产生、发展、当前生存情况，因此有极高历史认识价值。

第二，论证有理有据。非物质文化遗产代表作要有一定的学术价值，主要有三大标准：一是历史认识价值。非物质文化遗产是一定历史时期人类社会活动的产物，列入市级保护名录的项目基本上要有百年传承历史，通过这些项目我们可以具体而生动地感受到历史真实情况，是历史文化的真实存在。二是文化艺术价值。非物质文化遗产中所表现出来的审美意识和艺术创造性，反映着国家和民族的文化艺术传统和历史，体现了北京市历代人民独特的创造力，是各族人民的智慧结晶和宝贵的精神财富。三是科学技术价值。任何非物质文化遗产都是人们在当时所掌握的技术条件下创造出来的，直接反映着文物创造者认识自然、利用自然的程度，反映着当时的科学技术与生产力的发展水平。丛书通过作者有一定学术高度的论述，使读者深刻感受到非物质文化遗产所体现出来的价值更多的是一种现存性，对体现本民族、群体的文化特征具有真实的、承续的意义。

第三，图文并茂，通俗易懂，知识性与艺术性并重。丛书的作者均是非物质文化遗产传承人或某一领域中的权威、知名专家及一线工作者，他们撰写的书第一是要让本专业的人有收获；第二是要让非本专业的人看得懂，因为非物质文化遗产保护工作是国民经济和社会发展的重要组成内容，是公众事业。文艺是民族精神的火炬，非物质文化遗产保护工作是文化大发展、大繁荣的基础工程，越是在大发展、大变动的时代，越要坚守我们共同的精神家园，维护我们的民族文化基因，不能忘了回家的路。为了提高广大群众对非物质文化遗产保护工作重要性的认识，这套丛书对各个非遗项目在文化上的独特性、技能上的高超性、发展中的传承性、传播中的流变性、功能上的实用性、形式上的综合性、心理上的民族性、审美上的地域性进行了学术方面的分析，也注重艺术描写。这套丛书既保证了在理论上的高度、学术分析上的深度，同时也充分考虑到广大读者的愉悦性。丛书对非遗项目代表人物的传奇人生，各位传承人在继承先辈遗产时所做出的努力进行了记述，增加了丛书的艺术欣赏价值。非物质文化遗产保护人民性很强，专业性也很强，要达到在发展中保护，在保护中发展的目的，还要取决于全社会文化觉悟的提高，取决于广大人民群众对非物质文化遗产保护重要性的认识。

编写“非物质文化遗产丛书”的目的，就是为了让广大人民了解中华民族的非物质文化遗产，热爱中华民族的非物质文化遗产，增强全社会的文化遗产保护、传承意识，激发我们的文化创新精神。同时，对于把中华文明推向世界，向全世界展示中华优秀文化和促进中外文化交流均具有积极的推动作用。希望本套图书能得到广大读者的喜爱。

2012 年 2 月 27 日

序

PREFACE

李苍彦

绒花、绒鸟，是选用蚕丝和铜丝为材料制成的装饰品，它只是绒制手工艺品的一个种类。最初人们将用丝绒、绸缎绫绢、通草、纸等制成的花卉通称为“人造花”，将真丝与绢制成的花卉习称为“绒绢花”。绒绢花主要用于头饰点缀、衣妆打扮、环境美化以及吉庆节令、婚丧嫁娶等。明清时北京地区极为盛行绒绢花。宫廷内院“花儿作”制作的或由民间工匠专门为宫内定制的绒绢花称为“宫花”，民间习俗又称为“喜花”。

人逢喜事心花怒放。人们的生活几乎时时处处离不开花，以花抒情，以花喻物。比如，在传统手工艺品中，很多人习惯于将剪纸称为“剪花”，面塑称为“面花”，刺绣称为“扎花”“补花”“挑花”，根雕称为“根花”……以至在北京人日常生活的口语中，也流行诸如劳动时冒出的汗水叫“汗花”，炒菜不够咸要加点“盐花”，油锅里溅出的油叫“油花”，身体某部位负伤叫“挂花”，激动时涌出的眼泪叫“泪花”，还有诸如水花、浪花、冰花、钢花、铁花等，数不胜数，由此可知人们对“花”的钟情，由此可以联想到绒花在人们心目中，是何等的情之切、爱之深。

绒花历史久远，与绢花同源，至迟在隋唐时期，我国的绒绢花已经很繁盛。典籍记载，隋炀帝营建西苑时“宫树秋冬凋落，则翦彩为华叶，缀于枝条，色渝则易以新者，常如阳春。沼内亦翦彩为荷芰菱芡，乘舆游幸，则去冰而布之”[1]。这显然是以各种人造花置成的阳春美景。1972年，在新疆吐鲁番阿斯塔唐墓出土有人造花实物。辽金时，北京地区人们已经很时兴佩饰绒绢花。金天会二年五月（北宋宣和六年，1124年），宋使者到金中都“赴花宴”，见到官员们佩戴人造花出席隆重的礼仪[2]。当时的金中都设有官办的“文绣署”，专事为帝王及嫔妃享乐制作服饰、烛笼及花卉。明清时的北京绒绢花制作更为兴盛。宫廷内务府造办处、御用监设有分工明确、专司承造绒绢花、绸缎、通草及供花、宴花、瓶花等的“花儿作”，服侍帝王嫔妃享乐。此外，在崇文门外迤东，形成了花儿市，制花除了供皇族国戚、官府贵胄外，还大量供应平民百姓和我国华北、东北、西北及中原地区。

爱美之心，人皆有之。人们以绒制品精心装扮自己的生活，以祥禽瑞鸟、喜花丽草表达对幸福生活的追求向往、对幸福美好理想的寄托，将深深的情爱融进花鸟中。人们爱花赏鸟，惜花护鸟，不愿去折损自然界生长的鲜花活鸟，乐于选择人工巧手制造出的花鸟一年四季陪伴自己的生活，绒鸟栩栩如生，胜似活鸟，绒花不是鲜花，胜似鲜花。每逢春节、端午、中秋、重阳等时令或喜庆之日，讲究佩戴不同的绒花，花上饰有鸟禽等仿生物，这种中华习俗千百年来沿袭流传，形成了花文化、鸟文化。无论男女老幼、贫穷富有，几乎是人人佩戴绒花、绒鸟，绒花、绒鸟成了吉庆的标识，是欢度节庆的吉祥物。

绒花、绒鸟有灵性，制作技艺更是巧夺天工。古往今来，在有些人心目中认为，制作绒花、绒鸟是雕虫小技，岂不知将蚕丝变幻成花朵、鸟兽，其中要经过多少道烦琐的手工制作工序。绒花朵朵，苞蕾瓣蕊必须纹路清晰，一丝不苟，丝丝入扣。绒鸟只只，头颈身爪，羽翅尾腿，定要舒适和谐。绒花、绒鸟还要主题突出，活灵活现，富有吉祥寓意。鲜灵灵的绒花，毛茸茸的绒鸟，做工别致细腻、华丽清秀、柔软可亲，既适于佩戴，也适于陈设，是能工巧匠汗水、心血的凝聚，是工艺大师灵心巧手经营的结晶，这久开不败的花，长寿永生的鸟，充分显示出手工艺人的灵性和高超技艺。

绒花、绒鸟之所以受人喜爱，与它的品种变幻无穷有关。年年岁岁花相似，岁岁年年花不同。四季群鸟有更替，时节变换禽长鸣。昔时北京宫廷内院虽然有专事人造花的能工巧匠，但仍满足不了紫禁城内的需求，每逢节令还要到民间花儿作坊发样制作，或由作坊提供品种花样，这样“凡以造花名者，皆能直接入宫送货，或径由宫自出花样，令其承做。宫外王公府第及仕宦家，亦常有卖花者之踪迹”[3]。在古典文学名著《红楼梦》中，描述有“宫制堆纱新巧的假花儿”[4]流入民间之事。宫中的人造花样到市坊寻民间艺人制作，而民间制花艺人每有新式花样，在节令前往往也先送入宫廷经嫔妃们选择定制，其选中的花样继而在民间成了“新潮”而流行开来，从而使北京的人造花有“宫花”之誉，形成了北京绒制工艺品料精工细、造型新颖、样式典雅、色泽艳丽和谐、寓意吉祥喜瑞、应变能力强等鲜明特点。

任何事物都会随着时间的推移、历史的发展而发生变革，变是绝对的，不变是相对的。北京绒花也同样如此。我们仅从绒花品类发展的命名变化中即可看到，绒花是从人造花、绒绢花、宫花、喜花等名称逐渐演变而来的，几乎每一次品名的变化更迭，都能讲出动人的故事来。

在历史上，绒花属于人造花，通称为“绒绢花”，统归于“花儿行”“花儿作”。1949年1月31日，北平和平解放，旧社会残留的污泥浊水被清扫，百废待兴。在中国共产党领导下，人民政府要下力将北平这座消费城市改造成生产城市。随着大规模的城市建设，人们旧有的思想观念、生活方式急剧转变，再加上抗美援朝，帝国主义对我国施行军事包围和经济封锁，同其他手工艺品一样，原有的绒绢花制作已经不适应飞速发展的新中国新生活的需要，手工艺人再固守旧的绒花品种的造型和内容一成不变，只能是眼看着花儿枯萎。面对当时的形势，绒花、绒鸟艺人们想方设法，创作出以保卫世界和平为主题的“绒制和平鸽”，才打开了销路。历史上流传下来的绒鸟都是近乎趴窝式的浮雕，鸟儿无腿不能站立，艺人下功夫研发出了能站立的雏鸡、绶带鸟、鹦鹉、孔雀以及熊猫等造型，这一史无前例的崭新变化，使原有的以生产绒花为主，仅供头饰的髻花、鬓花、帽花、罩花或胸花，巨变成了以制作祥禽瑞鸟的立体造型艺术品为主导。

1956年手工业生产合作化高潮时，制作绒绢花的艺人们组成了绒绢花生产合作社，由于绒花、绢花的生产原料、加工技艺等有别，不久，绒绢花产品分别独立，以绒鸟（绒花）为主导的产品成立了绒鸟合作社，之后又建立了北京绒鸟厂。至20世纪90年代，随着机械化、电器化现代工业的兴起，以传统的手工艺生产为主的绒鸟（绒花）业受到了极大的冲击，这一具有一千多年历史的优秀的民族传统手工艺，在人们的视线中逐渐消失了。

1997年5月20日，中华人民共和国国务院发布第217号令，施行《传统工艺美术保护条例》。2002年8月9日，北京市人民政府公布履行《北京市传统工艺美术保护办法》。尤其是2009年10月，北京市第三批市级非物质文化遗产名录公布，“北京绒鸟（绒花）”名列其中。自此绒鸟又欢腾跳跃，绒花又含苞待放，呈现出一派春光明媚、生机盎然的局面。

李俊玲先生自从北京市开展非物质文化遗产普查即开始全身心地投入了这项工作。在十多年的工作中，她深入社区基层，不辞辛劳，广泛深入地调研，还充分利用自己在图书馆工作的有利条件，尽力协助“非遗”项目的申报，亲自为申报单位及个人撰写、修改申报文本，使之完善，符合申报要求。正是在与申报单位和传承人的不断接触和反复交流中，她查阅典籍文献，收集传承史料，熟悉工艺制作，以至拍摄录像，收集实物，采写口述史等，与申报项目单位和人员结下了不解之缘。李俊玲先生也成了非物质文化遗产方面的行家里手。

当北京市文学艺术界联合会、北京民间文艺家协会开始组织编写“非物质文化遗产丛书”时，她积极参与项目的立项，与项目传承人联系，或亲自动笔，或与传承人合作，陆续完成撰写、摄影，出版了《天坛传说》《北京刻瓷》《北京料器》《北京绒布唐》等专著。这次又编写出了《北京绒鸟（绒花）》一书，实在是可喜可贺。

我是从事工艺美术创作设计和理论研究60余年的老工美人，曾经查阅了几乎所有有关北京工艺美术的典籍资料，还没有见过一册有关北京绒鸟（绒花）的专著，即便是有所涉及的文字，也没有谈及绒鸟（绒花）具体制作工艺这一非物质的内容。这次“非物质文化遗产丛书”的《北京绒鸟（绒花）》的出版，填补了北京市非物质文化遗产代表性项目的空白，是极其可贵的。真切希望更多的关心非物质文化遗产项目的专家学者、同人们，以及传承人们，都参与“非遗”项目的传承、传播，投入更大精力，进一步增强文化自信，使我们的“非遗”工作做得更好。

是为序。

2020 年 12 月 8 日

本文作者系高级工艺美术师，中国艺术研究院客座研究员，《中国工艺美术全集·北京卷》主编。

注 释

[1] [宋] 司马光：《资治通鉴》卷五十。
[2] [宋] 许亢宗：《宣和乙巳奉使金国行程录》，北京古籍出版社，1988年，第56页。
[3] 汤用彬、彭一卣、陈声聪编著：《旧都文物略》，书目文献出版社，1986年，第256页。
[4] [清] 曹雪芹：《红楼梦》第七回“送宫花贾琏戏熙凤　宴宁府宝玉会秦钟”。

前言

FOREWORD

北京绒花、绒鸟，统称为绒制品，是将真丝（蚕丝）、麻纤维捯成绒以后，加工制成的花卉、凤冠、禽鸟、走兽、盆景、壁挂、插屏、摆件、建筑等艺术品。

滋润北京绒制品生存发展的沃土是崇文门外的“花儿市”一带。

明代是北京城南开始走向繁荣的时期，此时南移的文明门已改称崇文门，城门东到东便门这道城墙往南至广渠门内大街称为崇北坊。坊内中央有一条东西向的大街，西起今花市西口，东至广渠门外，这条街在明永乐二十年（1422年）名为“神木厂大街”，何时改称“花儿市大街”已无从考证，只是清乾隆《京师全图》出现“花儿市”之名。朱一新写于光绪年间的《京师坊巷志稿》中有“花儿市大街”的记载。据此考证，“花儿市大街”距今已有两百多年历史，现在，由于普通话的普及，人们逐渐忽视了“儿话音”，而将“花儿市大街”称作了“花市大街”，不论是公交站牌还是地图上都以“花市大街”作标注。

花市大街以羊市口为中心分为东西两段。

西花市路北有一座火神庙，据《宸垣识略》记载：“火神庙在花儿市，明隆庆二年建，为神木厂司元观下院，有万历间右通政李琦碑。……每月逢四日，自庙前至西口开市。”从这记载中分析，火神庙是因这里曾有皇家神木厂，为供“火神”而修建的。随着南北大运河的终点码头从积水潭移至东便门的大通桥下，南北的货物运输要经于此处，以及明代拓南城后，将“京师税务衙门”设于崇文门外大街路东，崇文门成了京城的税关，使这原本只为供奉火神的庙前，逐渐形成了农产品、手工艺品及日常用品的集贸市场，每月的初四、十四日、二十四日，城里的、乡村的人们纷纷到这里来赶庙会，其目的也不再是为火神庙增加香火，而纯粹只是为了买或卖，因而以“市”闻名。又由于这里的假花生意非常红火，时间久了这条街形成了售卖绒、绢、纸花的集市，街以物名，这条神木厂大街自然而然地被北京人称为了“花儿市大街”，花儿市集便取代了火神庙庙会。从清代起，这个集市就一直在京城五大庙会之列，有“逢四花儿市集”之说，是北京商业市场一个不可缺少的组成部分，也是京城最热闹的地界儿之一。

◎ 花市庙会 ◎

东段叫东花市，东花市东起白桥大街，西至羊市口。

东花市是绒绢花制作、销售的聚集地，这里的“花行宋家”“花行蒋家”等花行、花庄、花局遍布东花市一带，仅下三条和下四条就有几十家花局。从北小市口两侧，中下头条、二条、三条、四条直到虎背口，南边从南小市口两侧，上下堂子、上下宝庆、上下锅腔、上下唐刀胡同直到元宝市，多数家庭都从事绒绢花生产，形成了绒花、绢花、纸花的生产销售基地。这里的住户，家家妇孺均参与工作。与西花市形成了“前店后厂”的经营形式。

花市集起于纸绢花，也带动了其他行业在此设市，如花市北羊市口内的玉器市——青山居。这里最初只是个酒馆，后一些玉器商人聚在这里谈生意，便逐渐形成了玉器市场。最近在羊市口出土的一块“李君创设玉器商场记”碑中记载了青山居市场的创立。民国以后，外地和国外商人来京做珠宝生意的越来越多，于是在北羊市口南段的上四条胡同里也逐渐有了玉器集市。由于玉器业的兴盛，其他行业作坊，如小器作、锦匣作、镶嵌作等也纷纷在花市上三条、上二条、中三条、中四条一带建立，使花市成了手工艺作坊林立的地方。

花市手工艺市场形成的条件有三：

第一，庙会带动市场。自明代起，花市一带就建起了很多寺庙，在京城中享有盛名的有东花市的灶君庙，每年农历八月初一至初三有庙会；东便

◎ 卖绒花的摊儿 ◎

门的蟠桃宫，每年农历三月初一至初三有庙会，是京城最热闹的游乐场所；西花市的火神庙，每月逢四有庙会（指初四、十四、二十四），并逐渐形成了火神庙集市。

第二，漕运带动市场。明正统三年（1438年），在东便门修建了大通桥闸，南北大运河的终点码头从积水潭移到了东便门的大通桥下，成了通惠河的新起点，南北的货物运输都要经于此处，而大通桥又紧临花市大街，对这一带市场的形成起到了推动作用。

第三，税关带动市场。明代拓南城后，即将“京师税务衙门”设于崇文门外大街路东上三条与上四条之间，成化二十一年（1485年）设“宣课分司”，弘治六年（1493年）将九门课税统由“崇文司”监管，成为北京九门总税务司，地址就在花市上三条西口外南侧。因崇文门税关而滞留、过往于花市的外埠客商，扩大了花市与外地的经济交流。

正是这种经济环境，为北京绒花、绒鸟的发展提供了有利于其发展的天时地利条件。

目录

CONTENTS

第一章 绒花、绒鸟在北京的发展

北京绒花因旗汉妇女戴花成为风习而在北京兴盛了100余年，从佩戴的绒花、凤冠，到绒制的禽鸟、走兽，再到其他品类，北京绒制品在创新中发展。

第一节

从绒花到绒鸟

中国很早就有佩戴绒、绢花的传统。早期的绒花造型简单，主要用作民间头饰，为妇女儿童所佩戴。到了唐代，绒花制作达到较高的水平。史料记载唐中宗李显就曾令侍臣从后宫取出“彩花”赏赐后宫嫔妃，以喜迎新春。在传世的唐周昉的《簪花仕女图》中，也描绘过唐朝贵族妇女簪花出游的场面。

明清时，曾将扬州的能工巧匠招进京城专为宫廷制作绒花，称作“宫花”，以此来区别于民间使用的绒花。宫花相对于民间绒花，无论在材料上还是工艺上，都略高一筹。如今北京故宫博物院还藏有清代皇帝大婚时帝后所用的各式宫花。这些宫花主要由浓重的红色丝绒制成，色彩艳丽夺目，多表现“吉庆有余”“龙凤呈祥”等吉祥主题。

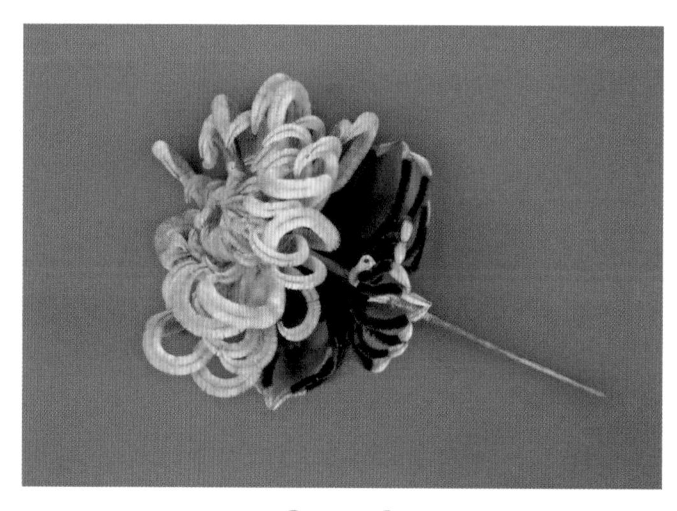

◎ 宫花 ◎

北京的丝绒工艺品，早期见于民间头饰绒花，这与当时满族人特有的风俗习惯有关。满族妇女时兴梳“二把头”，上饰扁方（满族女性头饰，又叫旗头），扁方上常用大朵绒花作为装饰。《旧都文物略》记载：彼时“旗汉妇女戴花成为风习，其中尤以梳旗头的妇女，最喜色彩鲜艳、花样新奇之品”[1]。宫廷嫔妃对人造花的需求，促进了北京绒花行业的发展。

一、清内务府造办处内的绒花制作

清朝内务府造办处内设有专门为宫廷制作绒花等装饰用花的“花儿作”。《清宫内务府造办处档案汇总》第4卷中记录了雍正七年（1729年）花儿作上交的各类宫廷用花，“（二月）初二日郎中海望监察御史沈嵛员外郎满毗，传做年例端阳节用通草戴花六十匣、娃娃十匣、翠符十匣、绒符十匣，记此于四月三十日做得通草戴花六十匣、娃娃十匣、翠符十匣、绒符十匣。太监吕进朝交太监刘希文收讫。”[2]“（八月）十一日郎中海望员外郎满毗传做备用寿意绒花九对，记此于九月初四日做得寿意绒花九对，首领太监李久明持进交太监刘希文讫。”[3]每年花儿作都向宫廷上交“绒花”“绒符”。造办处春节、端午节、重阳节等节日前夕花儿作更是要增加绒花、绒符的制作量。雍正十二年（1734年）花儿作一月档案中记：“二十二日员外郎满毗三音保司库常保全传做端阳节通草戴花六十匣、娃娃十匣、翠符十匣、绒符十匣，记此。”[4]

乾隆七年（1742年），花儿作活计档多记录在皮作的活计档中，一般将绒花制作分派给花儿市一带的绒花作坊。从现在的档案中可以看出，当时的很多活计均采用外派的方式。“外雇花儿匠，共做过肆工，每工银一钱八分，共工银七钱二分。”[5]在“发用银档”中有花儿匠领取工钱的记录，“外雇花儿匠做过一百六十四工每工银一钱五分四厘”[6]。在内务府造办处的活计档中出现过多个“花儿匠”的名字，如“花儿匠朱鼎”“花儿匠刘凤祥”等，一些知名的造花匠还可以持腰牌破例入皇宫送货，以便嫔妃挑选，也可由宫内提供花样，照样仿制。据《造办处为更换匠役腰牌事致都虞司等咨文》中有更换工匠腰牌的记录：“改换花儿匠八达子年二十二岁，皮匠连生退回其腰牌改换。”[7]档案记录反映出清朝宫廷对绒绢花的需求，以及当时绒绢花的生产供应方式，每年宫廷会支出很多银两用于购买原材料和支付工钱，这些在内务府造办处档案中也有详细记录。

因皇宫内用花的影响，宫外王府及官宦仕家也常有卖者频繁出入。这时期，王公贵族戴花的流行，是促进绒花工艺发展的原因之一。

二、民间的绒花

绒花谐音“荣华”，寓意“富贵荣华”，所以深受广大人民群众的喜爱，民间绒花佩戴也相当普及。每逢庙会喜庆之日，人们都要买几枝红艳的绒花“大福字”插在礼帽上或别在发髻上，以示“带福还家”。明末清初，在北京崇文门外花市大街上形成了绒花、绢花、纸花的生产销售基地。自东便门起，花庄及自营花者在1000家以上，住户多以造花为业，家家妇孺均参与此工作。这一带的住户形成了一家一户为生产单位的自产自销的制花作坊。其中常年制售绒花的花铺有东胜永、瑞和永、鸿兴德、春华庆等10余家。除了这些店铺以外，这里还聚集了一批家庭小作坊。这些小作坊大多无牌匾字号，平时从事其他职业，到了绒花销售旺季（我国传统佳节，如中秋、重阳、春节、端午等节日）才开始购买原材料，制作绒花，节日里聚集在集市或庙会上出售。当时北京有三处庙会最负盛名，西边火神庙每月逢四有集市，东边灶君庙每年八月初一到初三有祀神庙会，而东北角的蟠桃宫每年三月初一至初三是赶庙会的日子，最为热闹。其他如白塔寺、护国寺、隆福寺以及娘娘庙、妙峰山等处也有定期的庙会。庙会期间，敬香和逛庙会的人们在归途时，都要到设在庙

◎ 庙会带福还家 ◎

会的花摊上买上几枝绒花，男的插在礼帽上，女的别在发髻上，寓意着“带福还家”，久而久之成为北京特有的民间习俗。

◎ 带福还家的男子 ◎

花市因有了纸花、绫绢花、缎花、绒花，并形成一种专业，构成了花儿市这一享名中外、花团锦簇的街衢。“这个行业的经营特点是：制作、贩卖一体，家庭、作坊难分，在东花市一带，以灶君庙为中心，仅这半条街就设有接待花行客商的旅店10多家，每家都标明专业，如泰和花店、德兴花店等，招徕四方，安寓客商。每早集市，开始于凌晨，卖花者臂挎花匣，内装五颜六色的成品——绫绢花、绒花。这种花匣是特制的，用细秫秸以竹篾穿成板状，插成长方形匣壁，长约2尺，宽约1尺，高约6寸，外糊纸张，上面做成两开盖，中间隔成层屉。大都是崇外磁器口帐纸作坊用各商店废弃的帐纸（大部分为麻呈文、东昌等韧性纸）糊制的。这种花匣耐用、坚固，不会损坏娇嫩的花枝。行商利用它作为包装，便于盘运；摊商以它支上两条板凳作为货架，既便于保存，又便于展销。假花分类插放，保护花朵，不压不蹭，不摇不晃，成匣叠放，干净整齐，打开匣盖，色彩缤纷，便于挑选。”[8]

当年，花市一带的许多住户都与做花有关，产品包括绒花、绢花、纸花等，据史料记载，这里的花市一带的花庄及住家营花者在1000家以上，分布在“南北羊市口、南北小市口两侧的上宝庆、上堂子、下堂子、上唐刀、下唐刀、上锅腔、中锅腔、上头条、上二条、上三条、上四条、中头条、中二条、中三条、中四条、下头条、下二条、下三条、下四条诸胡同至东便门、元宝市。这些地方凡住户多以造花为业，形成了以一家一户为生产单位的自产自销的小作坊。这些作坊大多无牌匾字号，只是日复一日默默无闻地生产、贩卖，以维持生计”[9]。

20世纪30年代前后，这些店铺的绒花不仅在北京销售，同时还销往全国其他地区。春季销售多以东北等地为主，秋冬季主要销往山东、河南等地。这一时期北京绒花也有少量出口。这一时期的产品种类可分为三类：第一类是绒头花，如福寿喜字、桃花、水仙、小团鹤、聚宝盆、小肥猪等；第二类是大小凤冠、双凤牡丹、吉庆谷穗、喜鹊梅花、事事如意等较细致的绒制品；第三类是少量供出口的产品，如绒制八仙人、绒盆景、戏妆花（被《天女散花》《四郎探母》等戏所使用）、各种花篮、狮子以及盆花等。随着销售量增大，北京绒花开始在全国各地流行

◎ 小花篮 ◎

开来。

1937年北京城沦陷，国内外局势动荡，各行各业纷纷倒闭。北京绒花行业也未能幸免于难，内销萎缩，出口贸易被迫中断。

抗日战争胜利以后，为了挽救及发展北平市绒绢纸花业，北平市绒绢纸花业同业公会致函当时的北平市社会局，提出了《绒绢纸花业意见书》：

查本业出口纯系本地手工。原料以绒、绢、洋纱、通草、染料等为主。事变前不断由洋商购运出口。国内行销地如太原、西安、兰州、张家口、石家庄、开封、济南、青岛等地。十年前本业正式营业者约三十家。现倒闭达三分之一。本业现有正式营业者二十四家。除地势优异者，尚能以门市营业维持外，余多兼营副业（如门前摆摊售卖针线纸烟等）。致于本业衰落原因：（一）交通不便不能行销各省（二）原料昂贵售价自高非必需品而销路滞涩（三）捐税过重（四）摊派捐款名目繁多无力担负。

拟请救济事项：（一）豁免所利得税（按财政部京钱丙字第一九七三五号）代电内开（上略查所利得税系以各业年终营业结算后之所利得为课征对象果无所得即无负担）（二）减免营业税（营业收入之毛利不足维持开支）（三）廉价配售绒绢纱纸（俾可减轻成本）（四）减轻运费（请按重量不以体积计减成核收）以示奖掖而资提倡。

此上

庄股长

北京市绒绢纸花同业公会谨上 八、二五

北平市社会局给予了批示意见，对绒绢纸花业实施免税等措施：

第一，（一）项豁免所利得税一节请政府特饬北平统税分局核办；豁免营业税及捐款一节请市政府特饬财政局核办；

第二，（二）（四）二项请政府特饬主管各部核办；

第三，（三）项请政府特饬四联总处北平分处简化贷款手续。

切实办理。

中华民国成立以后，随着社会发展，新的管理理念的融入，20世纪20年代以后，清朝旧有的工商业行会逐步转化为一种新的组织形式——同业公会。1945年到1948年，当时的北平市政府对旧有的手工业商业行会在同业公会组织形式下的演变状况进行了调查，提供了具体的事例，绒绢纸花同业公会也在其调查之中，留下了珍贵的历史资料。

北平市绒绢纸花业同业公会设有主席1人，常务理事2人，理事若干，还设有监事和候补理事，入会的会员都有会员登记证，从登记册中可以分析出，当时入会均是以商铺名义，既有商户，也有花庄等制作作坊。

北平市绒绢纸花业同业公会会员名册

商店名称	代表人姓名	所在地	营业种类	电话	店员人数	资本额	入会年月	备改
祥瑞号	龚云生	东安市场桂铭商场	绒绢花	借五局四一七一	三人	贰拾万元	三十三年一月	铺长
同生号	孙百山	东安市场	同上	借五局〇〇八三	三人	贰拾万元	同上	同上
丽生号	同上	同上	同上	同上	二人	贰拾万元	同上	同上
胜利售品处	齐连元	王府井胜利商场	同上		二人	贰拾万元	三十四年十月	同上
盛春局	金万奎	东单西观音寺	绢纸花	五局四一七九	三人	拾万元	三十三年一月	同上
华丰泰	于溪儒	东四隆福寺街	同上	借四局〇四〇四	二人	贰拾万元	同上	同上
春华号	费恩铭	西四护国寺街	同上	借二局一一六九	三人	拾贰万元	同上	同上
永隆泉	陈继宗	同上	同上	同上	三人	拾伍万元	同上	同上
日升花店	李锦堂	西单益德商场	同上		五人	贰拾叁万元	同上	同上
万华林	胡子澄	西长安街西口	同上	借三局一二九〇	三人	贰万元	同上	同上
玉林春	佟完山	前内绒线胡同东口	同上		家庭工艺	叁万元	三十三年十月	同上

续表

商店名称	代表人姓名	所在地	营业种类	电话	店员人数	资本额	入会年月	备改
荣华兴	满易	前外劝业场	绢纸花		三人	贰拾万元	三十三年一月	铺长
万兴号	李英	同上	同上		三人	拾捌万元	同上	同上
振兴局	赵书升	同上	同上		二人	伍万元	同上	同上
万华馨	门耀唐	宣外骡马市	同上	借三局三二一三	三人	贰万元	三十三年十月	同上
义和隆	张为礼	花市上四条	同上	七局一二三六	五人	贰拾万元	三十三年一月	同上
京华	李怀瑾	花市市场	同上	借七局〇二九七	三人	贰拾伍万元	同上	同上
和记	蔡梦涵	花市上四条	同上	七局〇二九七	三人	捌万元	同上	同上
义成公	霍兴斋	同上	同上	借七局〇六五七	四人	拾伍万元	同上	同上
华兴永	霍连荃	同上	同上	同上	三人	拾伍万元	同上	同上
德盛永	李占茂	同上	同上		六人	伍拾万元	同上	同上
同发和	孔张氏	同上	同上		家庭工艺	壹万元	同上	同上
志仁永	冯全宝	同上	同上		四人	贰拾万元	同上	同上
聚昇和俊记	褚俊臣	同上	同上	借七局〇六五七	三人	贰拾万元	三十五年四月	同上
瑞合永	孙瑞	花市东大街	同上		四人	拾万元	三十三年一月	同上
裕兴号	刘福元	同上	同上		三人		同上	同上
永祥号	顾德昆	花市北小市口	拔丝作		二人	伍万元	同上	同上
协兴隆	徐福海	花市东观胡同	翠花		家庭工艺	肆万元	同上	同上
鸣盛泰	沈永常	花市上四条	同上		四人	伍万元	同上	同上
宝兴斋	沈永茂	花市中四条	同上		四人	伍万元	同上	同上

注：上表中标注的入会时间为民国三十三年或三十四年，即1944年或1945年。

曾经，绒花因旗人戴花习俗而成为时尚的象征，随着清王朝的灭亡，绒花只是年节、庙会等喜庆场合时才佩戴，以表达对“荣华富贵”的美好寄托，正是这种寄托，支撑一个行业在北京延续至今。

三、绒制品的发展

用丝绒（老艺人们称为绣绒）做绒花在北京可以说历史悠久，但用其制成绒鸟是中华人民共和国成立以后才开始的。

1949年以后，人们对服饰有了新的理解，佩戴绒花的场合越来越少，为了适应新时期的需求，从事绒花制作的手工艺人开始创作以鸟禽类为题材的绒制工艺品。据原北京绒鸟厂厂长刘存来讲述，绒鸟品种是由老艺人张宝善和夏文富开发的。1952年，张宝善在于北京天坛举办的首次全国城乡物资交流会上展示了一种有葫芦形纸托的小鸟，做法是将纸板剪成葫芦形，再把绒制的小鸟用线钉在纸板上，成为一只站立的小鸟。这种创意来源于妇女头上佩戴的龙凤头花，其中的凤实际就是鸟的

◎ 龙凤头花 ◎

造型，单独将它固定在纸板上，再略加改型，就成了能够站立的鸟。同时，另一位绒花制作艺人夏文富也创制出了站立的小鸟，而且他用铁丝做出小鸟的脚，实现了小鸟真正的站立。

此后，张宝善首创了用黄色丝绒制出的小雏鸡，其逼真的形象，立刻成为北京绒制品在这一阶段的代表性作品。这一时期的丝绒制品以绒鸟、绒鸡为主打产品，“绒鸟”因此成为北京市民对一系列丝绒制品的称谓。北京丝绒制品也走过了一个从以绒花为主到以绒鸟为主的变革过程。

◎ 小雏鸡 ◎

1955年，北京市人民政府对手工业经营个体户进行了全面登记，颁发营业执照。其程序是先填写北京市人民政府工商局私营企业设立登记申请书，审核发放北京市人民政府工商局营业证，备份有北京市工商业登记卡片，还要进行固定资产登记。基本内容如下（示例）：

企业名称：胡德海绒花作

企业种类：独资

企业所在地：崇外下下三条三号

所营事业：绒花作

资本总额：捌拾万元

企业登记证或执照号数：

企业负责人：胡德海

企业印鉴：北平胡德海记绒绢纸花家庭工业

四、合作化以后的绒鸟制作

20世纪50年代，在全国大规模合作化开始之前，花市地区的一些绒绢花作坊就已经开始成立生产小组，实现了互帮互助。

1953年，有35家个体户组织了一个绒花生产小组，到合作化高潮时，行业人数得到发展，分别组成艺华绒鸟生产合作社、第一绒兽鸟花代销合作社。1956年，绒制工艺品业有工人247人，1957年从业人数达到295人，生产产值也大幅提高。

1955年年初，北京市第一绒绢纸花供销生产合作社通过社员集资，加上社里的积累共9300元买下了花市上三条三十九号的一所房子，合作社社员在这里集中生产。合作社的发展对单干户有很强的吸引力，当年6月发展到了50户149人，年底时，该社转为生产合作社。

1956年2月，在手工业合作化高潮中，中央手工业管理局和北京市手工业管理局曾经组织工作组，对北京市各重点行业的基本情况、特点、合作化过程中产生的新问题，进行了比较细致的调查研究，其中的绒绢纸花业当时“有3个生产社746人，另外还有600多家庭妇女和儿童从事厂外生产。公私合营3户24人。多分布花市一带，因而该街以花市为名。产品有绢头花、纸灯拉花、光荣花、花千、卡子花、绒花、绒鸟绒兽、蜡果等美术品。价格便宜，卡花每只仅2分钱。艺人多系世代相传，如五辈祖传葡萄常，四辈的绒花艺人张宝善”[10]。合作化以后，艺人们在一起切磋制作技艺，绒鸟品种越来越多。1956年，创作出24种大绒鸟，1957年又试制了近40种大绒鸟，包括凤凰、孔雀、公鸡、母鸡、鹦鹉、仙鹤、鸽子、葵花鸟、吐绶鸟、白玉鸟、杜鹃、喜鹊、企鹅等。北京绒制品种类有了更大程度的变革，造型开始由小向大，由平面化向立体化转变。

1957年年末，为庆祝苏联十月革命胜利40周年，夏文富和张宝善与合作社的骨干社员一起，制作了由苏联援建的101制金厂绒制建筑全貌。毛泽东主席把这件作品作为国礼赠送给苏联，被收藏在克里姆林宫。

◎ 各种绒鸟 ◎

夏文富曾在访谈中谈道："101制金厂是长春的一个制品厂，那是个保密厂子，是苏联帮助咱们建立起来的，所以在十月革命胜利40周年的时候就送他们那个。"这件绒制模型长5尺4寸，宽4尺5寸。

1958年，北京艺华绒鸟生产合作社和第一绒兽鸟花供销生产合作社合并为北京绒鸟合作社，创制出绒禽、走兽、山水风景等新花样60多种。中华人民共和国成立以后，北京的绒花绒鸟制作艺人们焕发了艺术创作力，创制出鸟类30多个品种，不但花样增多，在颜色的配比上也恰到好处，从一只鸟只有一种颜色，增加到一只鸟可以有多种颜色，这种绒鸟在进入国际市场后供不应求。

1959年，为向中华人民共和国成立10周年献礼，由夏文富、张宝善、皮影艺人路景达等集体创作成绒制大龙舟《乘风破浪》，这件作品长6尺，高3尺2寸，在北京工艺美术服务部与市民见面，这也是绒制工艺品的新尝试。

第二节
北京绒鸟厂时期

1960年，北京绒鸟合作社更名为北京绒鸟厂，隶属于北京市手工业生产合作社联合总社。1961年，北京绒鸟厂由崇文区工业局移交给北京市特种工艺工业公司。

以张宝善、夏文富为首的绒鸟厂老艺人率先创作出“石坊”“群猴闹山”“狮子滚绣球”“大龙舟”等大型绒制摆件。还制作出仿制中国古代优秀建筑如九龙壁、天坛祈年殿、天安门等大型绒制品。

20世纪70年代初期，为了给国家创外汇，北京绒鸟厂还增添了许多如绒制圣诞树、圣诞小礼品、绒制卡通形象等一系列卡通新产品。这些绒制卡通系列产品被称为北京绒鸟第三代产品，曾荣获北京市优秀新作品奖、全国儿童用品委员会颁发的金鹿奖。同时期北京绒鸟厂还研发了第四代产品，用PAN长丝代替天然蚕丝，研制出PAN长丝工艺品。这一成果结束了做绒鸟必须使用天然蚕丝的历史。

1977年，北京绒鸟厂创制了带灯花篮。作品中每朵花的花蕊中间都安有小灯泡，绚丽的花篮不仅在白天呈现出五颜六色的景象，晚上也同样光彩夺目。这件作品在1978年入选了《北京工艺美术集》。

1978年起，北京绒鸟厂组织技术人员和产品走出国门进行文化交流，宣传中国的传统文化。1983年，绒鸟厂工人制作的高卢鸡造型受到了法国人民的欢迎，被一位巴黎女士以800法郎的高价购买。

20世纪70—80年代是北京绒鸟厂发展的鼎盛时期，1987年北京绒鸟厂的工业总产值达900多万元，利润总额83.5万元，是建厂初期的13.3倍。厂内正式职工以及厂外加工点人员总数达2000多人。这时期的北京绒花行业产品除了大量供出口以外，国内销售状况也十分乐观。

国内外对绒制品需求量的增加，只靠人工制作已远远不能达到市场的需求。北京绒鸟厂成立后，为了增加产量，在制作工艺流程上进行了

◎ 1983年，绒鸟手工艺者们在法国的合影 ◎

大胆的改革，实行流水线生产管理，将工人按工序分成小组，每个小组各司其职。工序分解后，每组工人只负责一道工序，从生产数量到产品质量都有了很大提高。

传统手工艺行业历来都是以手工操作为主，尤其是绒制品行业，一直是借助最简单的手工工具加工制作，不仅劳动强度大，工作效率和产量也很低。在北京绒鸟厂成立以后，为了提高绒制品产量，开始研制绒制品的机械化设计和制作。职工兰玉林研制出抨绒机、搓条机、刹条机等，提高了工作效率，绒条质量也有了很大提高。

1988年，北京绒鸟厂开发出有声光装置的机电绒制品和多种材料相结合的绒产品。这类产品具有时代特点，深受国内人民的喜爱以及国外市场的欢迎。这时期绒制品不仅用在人们的日常生活中，还在其他行业中也起到重要的作用。1982—1987年，在拍摄电视剧《西游记》时，导演杨洁就亲自来到绒鸟厂定做剧中人物所需要的头饰，绒鸟厂还专门组织技术人员为该剧设计、制作绒花。另外，《红楼梦》《骆驼祥子》

《北京人》《火烧圆明园》等影视作品中，也采用了绒花作为道具。北京京剧团也长期在绒鸟厂定做京剧用的头饰，京剧《四郎探母》里公主戴的齐头凤、《棒打薄情郎》里的绒冠和李逵戴的英雄花等都是绒鸟厂制作的。

20世纪90年代后期，因经济体制改革中的主客观原因，北京绒鸟厂合并至北京市工艺木刻厂有限责任公司。由于北京绒鸟厂过去实行的是流水线操作，很多工人只能掌握一两种工序，真正能了解全套工序的艺人寥寥无几。不过随着国家对非物质文化遗产的重视，北京绒花这类民俗艺术开始引起关注，政府动用了大量的人力、物力、财力进行挖掘和保护。

第三节

绒花、绒鸟的传承

北京绒花、绒鸟行业知名艺人

在早年的花市地区，做绒花或者辅助品的家庭作坊有很多，有一位高氏，她的名字已经失传，她所制的绒花在北京极为著名，外省直接向她订购的很多[11]。但这只是在制作绒花的老人们之间的传说而已。另有传说，北京绒花的传承源头来自扬州，一是有从扬州招募的造办处工人，二是有扬州的绒花艺人先落户到了河北武清（今天津市武清区），再辗转到了北京花市地区。所以有不少绒花制作者的籍贯是河北武清。

据老艺人回忆，绒花制作的家庭作坊中比较知名的有“李家门儿”“张家门儿”等，各家在技艺上都相互保密，如果做活时有人来访，一定要停下手里的活，并把做到一半的活遮盖起来，所以各家都一直遵循着自己家里祖传下来的制作技艺。各家制作的题材有所区别，同一题材的作品也有不同的样式，有以制作聚宝盆为主的，也有以制作凤冠为主的，还有以制作花篮为特色的。

合作化以后，尤其是北京绒鸟厂成立以后，北京绒制品行业中知名老艺人有张宝善、夏文富等，他们既是设计者，又是制作者，尤其是绒鸟、绒兽和一些绒制的建筑艺术品，是他们的首创，为北京绒制品跳出单纯制作绒花的框框做出了杰出的贡献。

（一）张宝善

◎ 绒鸟艺人张宝善 ◎

张宝善（1907—1987年），北京人。他的祖上是为清宫做宫花的艺人，其家族技艺被行内称为“张家门儿”。张家擅长做精品和各种大件绒花，对绒花制作的每道工序的要求都极其严格，制作出的绒花规范精致。产品主要供应宫廷，也常有达官贵人来定制用于婚聘嫁娶的大型绒花制品。更多的还是为民间贺喜、庆寿等制作绒制品，比如八仙、福禄寿三星、麒麟送子、吉祥如意、寿桃、喜果，此外还有妇女用的各种头花、戏剧用花等。

民国时，张宝善绒花作就曾申办过营业执照，现北京市档案馆中的档案中有案卷记录：

北平市人民政府工商局营业证

兹据 张宝善 申请在 区下下三条 胡同（街）

门牌 丙一 号开设 家庭工业 字号经营 绒绢纸花 业经审查合格准予营业

此证

右给 张宝善 收执

局长 程宏毅

中华民国三十八年 九 月

工 营字第08155号

1952年，张宝善成为中华人民共和国成立以后第一批办理北京市人民政府工商局营业证的个体手工艺人，内容如下：

兹据 张宝善 以左列事项申请登记

名称 张宝善绒绢纸花作

地址 区下下三条 胡同街 丙一 号

所营事业 主营 绒花绒玩具 兼营

出资人（或出资人代表）张宝善

资本总额 叁佰萬元

组织 独资

业经审查合格准予营业

此证

局长 彭城

副局长 □□□

　　丁铁峰

一九五二年十二月 日

右给张宝善收执

营业字第31892号

1953年1月，北京市人民政府工商局组成审查组，对私营企业进行审查登记，张宝善绒绢纸花作的登记档案也有保存，内容如下：

北京市人民政府工商局私营企业设立登记申请书 31892

其他

第七大组审查组审查意见1月12日

字号：张宝善绒绢纸花作　地址：崇文区下下三条丙一　第七小组

通过并批准重新换照营业。

申请人 张宝善 申请开设 张宝善绒绢纸花作 依法申请

重新 登记请予核准

此呈

北京市人民政府工商局

附呈

旧营业照壹份

卡片四份

税表壹份

小卡片壹张

申请企业：张宝善绒绢纸花作　　企业印章：北京崇文区下下三条丙一号绒玩具家庭手工业

申请人：张宝善　　　　盖章：张宝善印

一九五三年一月 日

根据登记表中记载，张宝善绒绢纸花作为独资经营，主营绒花、绒玩具。

1955年，北京市人民政府对手工业经营个体户进行了全面登记，张宝善花作又重新进行了一次登记，现存北京档案馆的档案登记案卷中有一系列当年张宝善绒花作的登记文件：

全宗号	目录号	案卷号	档案名称
22	6	683	立档单位：北京市工商局 封面标题：北京市手工业换照登记申请书 登记证号：15419 字号：张宝善作 分类编号：（5）22-16 档案时间：1949—1955年 P87-104，共17页

其中有：

申请书

调查情况：

初核意见：

复核意见：同意换照　□□

决定办法：

申请人　张宝善　为开设　绒花鸟兽玩具作　依法申请登记，请予核准。

字号：张宝善作　北京崇文区下下三条胡同丙一号张宝善绒飞禽走兽绒花玩具作（盖章）

申请人：张宝善　张宝善印（盖章）

一九五五年十月二十六日收文　艺花　字第1192号

营业执照内容

经营业务：

主制兼制：绒花鸟兽玩具等加工

地址：崇文　区　下下三条　胡同　丙壹　号

电话：

业主或经理人：

姓名：张宝善

年龄：四十八岁（DXP　1907年生）

籍贯：北京

住所：下下三条丙壹号

简历：自八岁上学至十岁。由十岁至十五岁在家玩。十五岁在家世传做花，至现在始终做花。

资本总额：叁佰萬元整

独资或合伙：独资

担保人

今保到　张宝善　设立　绒花鸟兽玩具作　依法申请登记，所填列的登记事项，均属真实，今后并遵守政府法令。

具保字号：金玉林　北京崇文区下下三条胡同二号金玉林绒绢纸花花果模型作（盖章）

地址：崇文区下下三条　号

证照号码：营字第31902号

从上述档案文件中还可以得到一些信息，营业登记的担保人是金玉林，他是居住在花市一带比较著名的“花儿金”，专门制作绢花和蜡果，他制作的盆花以“追真仿鲜”而扬名国内外。花市一带居住着制作不同材质假花的家庭作坊，张宝善与金玉林两家同住在花市下下三条，是多年的街坊，老话讲“远亲不如近邻”，他们之间的邻里关系相当不错，除了平日生活上的相互关照，在生意上也是互相帮助。有趣的是，金玉林的绢花作坊在办理营业执照时，担保人是张宝善，相互间的担保说明了那个年代的邻里关系是相当好的。

如营业执照中所记，张宝善绒花作坊是世传做花，被人称作“张家门儿”，张宝善15岁开始随父张启祥从事绒制品的制作，从艺达60余年。他所制作的绒花制品色彩鲜艳，配色讲究，色调清新自然，打破了传统的大红大绿，超凡脱俗。例如一朵普通的粉牡丹，采用深粉、浅黄、浅粉及浅绿四色丝绒进行皴染、组合后，效果堪比真花。他在制作和使用糨糊时有独到之处。先把江米面过滤、蒸熟、蒸透、打匀，粘时把糨糊抹成一条细线，位置准，用量合适，粘上的绒条周正、结实，粘胶处没有糨糊外溢，干干净净。尤其是粘复杂的大活，让人看不出痕迹。

张宝善的弟弟张宝孝也是绒花艺人，1936年12岁时从兄张宝善学绒花技术，从艺13年，1949年25岁时自立门户，开设了张宝孝花局。

1952年，张宝善为在北京天坛举办的首次全国城乡物资交流会创制了一对5尺高的“百花篮”，这对花篮悬挂在展品大厅，为大会添彩增色。

1954年7月，张宝善参加了代销合作社，制作了绒雪花、和平鸽作品，被选为国家礼品，赠送给外国友人。

1955年，张宝善加入了绒鸟绢花合作社，此间他创作的一幅百兽图，参加了广交会。1956年，他创作了万寿山的石舫，这件作品在英国伦敦展出。

北京绒制品中的小雏鸡也是张宝善首创的。1957年春，张宝善应邀去江苏扬州传艺，偶然在桥畔见到一只母鸡正领着一群小雏鸡在草地上觅食、嬉戏，那天真活泼和富有情趣的生动场面，深深地吸引了他，回北京以后，他便创制了活泼可爱的小雏鸡，直到现在仍是北京绒制品中的佳作。这一年，他被北京市人民政府授予“老艺人”称号。

中华人民共和国成立以后，张宝善在党和政府的关怀下，政治上进步很快，1958年加入中国共产党，并成为当年崇文区政协委员，后又被北京工艺美术研究所聘为研究员。

在中华人民共和国成立10周年时，他制作了一件九龙壁，再创绒制品新的种类，作为精品多次在展览会上展出。《北海九龙壁》是一件绒制大型艺术作品，是张宝善的经典之作。刘存来回忆了当时这件作品制作时的情形，他说，张老艺人每天都把自己关在工作室里，不让任何人看到他制作的过程，下班时必得用布把半成品遮盖起来。这种采用浮雕的艺术手法，用绒制工艺制作名胜古迹是北京绒制品行业的第一次尝试。绒制九龙壁长66.5厘米，高15.5厘米，宽40.5厘米，是实物的四十分之一。

在张宝善的代表作中，有一组《教五子》一直是北京绒鸟厂主打产品。一只公鸡和一只母鸡带着5只毛茸茸的小鸡，如同一个和谐美满的家庭，公鸡昂首啼鸣，母鸡口衔小虫正在给小鸡喂食，将母爱表现得淋漓尽致，5只小鸡形态各异，有的嬉戏玩闹，有的正仰着头期待母亲喂食。这组作品将一个个单独的绒鸟作品组成了一幅温馨的画面，从立意到画面感都能给人留下深刻的印象。

◎ 张宝善作品《教五子》◎

他创作的绒制品《百鸟图》，以“百家争鸣”为立意，作品有2立方米大小，使绒制品走向大型化。这件作品以凤凰为中心，在周围的山石树枝上分别缀以各种类别的鸟100多只，有的在空中飞翔，有的在树上栖息，有的在山石间嬉戏，千姿百态，活灵活现。

张宝善制作的绒制品，非常重视绣绒的配色，制作绒花时，他用深粉、浅黄、浅粉和浅绿等4种丝绒进行组合，效果堪比真花。制作绒鸡时，公鸡的配色一是采用红色为主，二是仿照北京地区常见的农家柴鸡的颜色，用棕、黑、黄、红等多种颜色制作，达到仿真的效果。绒鸟厂的老职工在评价张宝善的制作技艺时都会竖起大拇指，说他的活儿非常精细，不论哪道工序都要做到精益求精，制作出来的作品绣绒密实，对绒条尖部的处理如柳叶出尖一样。

北京绒鸟厂成立以后，为了绒花绒鸟制作技艺的传承，张宝善先后收了刘存来和高振兴两个徒弟。随着北京绒制品需求量的增加，厂里先后招收了很多职工，为了新产品的研制和开发，厂里成立了技术室，并配备了德才兼备的技术人员，以张宝善为师，研制出一代又一代的新产品。

（二）夏文富

夏文富，1913年5月出生，家住花市牛角湾胡同，因自幼家境贫寒，10岁便进入位于花市大街的“李家门儿”，师从李本三学做绒制品。那时候艺人学徒只能干些勤杂工一类的活儿，学做绒花只能“偷”着学。夏文富在这里干了半年也只是打杂，但他在打杂之余留意看，用心学，学会了做绒花，14岁出师后自立门户。20世纪40年代，他在天津做了8年绒花。1951年回京，1955年加入北京第一绒鸟合作社，1957年调入北京工艺美术研究所，从事绒制品艺术创作与研究，同年，被北京市人民政府授予“老艺人”称号。1968年调入北京绒鸟厂。

夏文富从艺60余年，在绒制品制作的道路上，他决不一味地模仿，而是喜欢独出心裁，创新品种，走自己的路。他创作的“八仙绒头花”传遍了花市一带，也传遍了北京城。当年花市集一年中有三个旺季，春节、端午和中秋，这三个节前夕，北京城里的人不仅在这里采购节令所用生活用品，更是来这里购买节日里的民俗装饰品，绒花在这三个旺季卖得最好，也是绒花艺人最忙的时候。春节他们制作“年年有余”“荣华富贵”“福禄寿”“聚宝盆”等绒花作品。端午节做小老虎，再配上樱桃、桑葚，以示辟邪化吉，夏文富制作的“五毒葫芦”最具特色，一个葫芦上爬着蛇、蛤蟆、蝎子、壁虎和蜈蚣，不仅有除邪祛毒的寓意，

◎ 绒鸟厂老艺人夏文富传授技艺 ◎

而且作为手中玩物也相当可爱。中秋节的时候，绒制的“月饼桂花”，月饼状似圆月，中有白兔捣药，旁边再配上桂花和螃蟹，是中秋之夜较有意义的装饰品。这些节令绒制品在花市集上供不应求。

夏文富不仅是制作普通绒花的高手，在制作喜庆装饰品以及婚聘嫁娶所用的大型头饰方面，也以精湛的技艺独树一帜。“绒制凤冠”也是他的上乘之作，这种凤冠作品除装饰绒花外，还缀有金丝花、银丝花及翡翠、玛瑙镶珠等，华丽富贵，精美异常，是当时青年女子结婚时佩戴的高级头饰。

夏文富对北京绒制品的一大贡献是给绒鸟装上了腿，他用铁丝做出鸟腿和爪子，再以绒线缠绕，让绒鸟脱离托板，可以随意“站”在任意平面上。他在制作绒鸟时，有自己的绣绒配色特点，如制作“锦鸡”或“绶带鸟”时，头部的色彩较深，脖颈以下明亮，颈部则大胆采用水绿、粉红等色，有中国画中皴染的效果，身躯颜色又稍深，这种层层皴染的技法，使作品柔润娟秀。

1956年，夏文富制作的绒制“天坛祈年殿”在德国柏林展出，轰动了柏林城。这件作品是绒制品的创新之作，是用丝绒材料表现中国建筑的开端，将北京绒制品的制作提高到一个新的水平。1962年是夏文富绒制品艺术创作的高峰期，先后设计制作出多件反映中国古代建筑的作品。他设计制作的绒制“天安门”，在法国世界工艺美术展览中受到各国人士的赞誉。接着他又制作了“九龙壁”和“故宫角楼”，被视为业内精品。

◎ 夏文富制作的天坛祈年殿 ◎

可以说，夏文富的心血、智慧和才华，为民间工艺美术宝库留下了光彩夺目的艺术瑰宝。

（三）刘存来

刘存来出生于1938年，祖籍是河北武清，曾担任北京绒鸟厂厂长，他是至今健在的经历了个体作坊、合作社和绒鸟厂唯一的人。

1954年，刘存来13岁从武清来到北京，本来是来北京上学的，但同是武清人的姚瑞芝看他聪明、机灵，就说“你干脆跟我学做绒花吧”，而刘存来也是非常喜欢动手制作，所以就在姚记花行拜姚瑞芝为师，学习绒花制作。当他把这个决定写信告诉武清的家人后，母亲就哭了，不愿意让他学做绒花，说：“上辈子打爹骂娘，下辈子才做花行，坐折了炕坏，顶折了房梁。”这是个一辈子都累人的活。最后在刘存来的坚持和劝说下，家里总算同意了，就这样，他在绒制品这行真是一干就是一辈子。据他说，北京绒花的制作者大多来自武清，这些人落户到北京崇文门外花市一带，基本都是入“李家门儿”学艺。与“张家门儿”的家族式传承不同，“李家门儿”的传承方式是师父带徒弟方式，一代一代的传承使这一门派的分支很多，不只北京有，天津及河北都有。

1955年，刘存来随师父进入第一绒绢纸花社，社址在花市上四条，做绢花的金玉林和做绒花的张宝善都加入了这个合作社，后来夏文富也加入了这个合作社。那时候，刘存来还是个不到20岁的小伙子，是合作社里的新生代，也是组织重点培养的人，再加上他自己积极要求上进，很快就成为合作社里的骨干，担任了绒鸟社的小组长，并当选为北京工艺美术行业中社会主义建设先进生产者。能够获得这一称号的人，不仅是在政治上积极要求进步，在技艺上也是出类拔萃的。他最初的学艺是在“李家门儿”，进入绒绢纸花社以后，张宝善将“张家门儿”的绒制品制作技艺也一同入了社。最初这“张家门儿”的技艺还处于“保密”阶段，不与其他门派共享。刘存来常来到张宝善工作室窗外，观察他做活。那年张宝善做“石舫”时，刘存来从车间找了些材料，看图片，还骑自行车去颐和园实地观察，连着去了3次，每天晚上对着照片，也学着做了个小号的，后来这一偷艺行为被张宝善发现了，见这个小伙子如此好学，而且做的活儿也不错，便让他进到自己的工作室内，问他：“存来，听说你也做了个石舫。”开始刘存来还不好意思说，被张宝善点破后，只好拿出刚扎好的架子，张宝善看了以后，从比例关系等方面给出了具体指导，并允许他每天晚上进到工作室里面做。石舫上面有彩色的玻璃窗，张宝善用糨糊粘玻璃纸（即塑料纸）的方法，但因为糨糊太稀，粘的时候玻璃纸容易起皱，刘存来想到了粘自行车带用的胶，就去化工商店咨询，商店的掌柜提议用乳胶粘玻璃纸，张宝善一试，效果挺好，对刘存来说：“你小子还挺聪明。”并问他，“你想学徒吗？”刘存来非常高兴：“想啊！”那时候张宝善因自己的儿子不太想学，正在筹划着在厂里收徒弟，见刘存来非常喜欢学，便跟厂里要求收他为徒。厂领导找刘存来谈话，说要想跟老艺人学徒就得3年零一节，而且工资是固定的，比在车间干计件活的工资低好多，可刘存来认准的事儿就一定得做下去，便答应了厂里的安排，成为合作化以后张宝善的大徒弟，名正言顺地跟着张宝善在工作室上班。他跟着张老艺人学了3年。

刘存来曾做过一套《北海五龙亭》作品，1985年他带着这件作品去法国参加展示、展览。

1960年北京绒鸟厂成立，刘存来下车间当了生产班长，他创造了一种“燕赶群”的工作方法，也就是流水作业，他将班里的职工按制作工艺分配工作，分成劈拍子、拴拍子、剪拍子、刹活儿、攒活儿等多个工序，每道工序的职工各司其职，这种流水线的工作方法增加了产量，而且也保障了产品的质量。

在刘存来任绒鸟厂厂长期间，北京绒鸟厂的知名度、产量、新产品开发都达到了史上最佳。20世纪80年代，“生产的绒鸟获轻工部优质产品奖银杯奖”，“年产品出口额达436万元”，“已有3大类210多种产品，职工达500多人，并有4个分厂、2个联营厂”，一系列的媒体报道，使北京绒鸟厂成为工艺美术行业里的重要企业。

◎ 北京绒鸟厂标志 ◎

在带领北京绒鸟厂取得了卓著成绩的同时，刘存来个人也获得多项荣誉，20世纪50年代末，他获劳模称号，参加了全国群英会，连续3年被评为北京市优秀厂长，曾当选为原崇文区人大代表。

在此期间，北京绒制品已不仅仅局限于绒花、绒鸟，绒制卡通动物、绒制圣诞礼品、绒制摆件成为第三代绒制品的代表性作品，在北京绒鸟厂出口的产品中占主导地位。

1986年3月28日的《花卉报》以“中国绒鸟‘飞’到美国”为题报道：

"一万五千多只绒制美国'州鸟'，不久前带着中国人民的友谊'飞'到了太平洋彼岸的美国。

"绒制美国'州鸟'是以美国五十个州的'州鸟'为素材，按不同种类，分为五个型号分别制作而成，工艺精巧细致，色彩真实自然，用来装点室内环境、馈赠亲友都是独具特色的艺术佳品。

"这批由北京绒鸟厂设计制作的美国'州鸟'分三十几种类型，形态各异，栩栩如生，受到了客商的好评。"

20世纪80年代，北京绒鸟厂在产品走出国门的同时，也让绒鸟制作技艺展示走出了国门。从1983年开始，刘存来先后到法国、新加坡等国传艺，展示中国的传统民间艺术，让世界了解中国的传统民间艺术。在法国表演时，当时法国的议长和夫人来参观，看到北京绒鸟厂的作品以后，问能否做法国的高卢鸡，刘存来说能，他用带来的材料，连夜做了一只被视为法国象征的高卢鸡，议长夫人高兴地把7寸多大的高卢鸡放到肩膀上，竖起大拇指。

◎ 刘存来在新加坡表演 ◎

刘存来回忆，在法国参加展览时，来了一位体育教练，看到展台上的大熊猫非常喜欢，问能不能做一件大熊猫抱着小熊猫的作品，刘存来也答应下来，他从拴拍子到最后完成用了两个晚上的时间。体育教练非常满意，还非常热情地想请刘存来到家里去，由于多方面的原因，刘存来只能婉拒这一热情的邀请。

从1984年到1998年，刘存来在北京绒鸟厂当了14年厂长。经他推荐，张宝善又收了高振兴、马荣芬、刘素林3个徒弟。

值得一提的是高振兴，他生于1939年，祖籍河北，16 岁来京到花市上四条的第一绒绢纸花供销合作社学习制作绒制手工艺品。1956年，经刘存来介绍，高振兴正式拜张宝善为师。

高振兴因为技术全面，做活儿细腻，是当年绒制品行业里的佼佼者。他在北京绒鸟厂工作的30年里，为绒鸟厂的发展做出了极大的贡献。北京绒鸟厂出口的产品中有一半是在高振兴的带领下开发的，如1979年中美建交，绒鸟厂为美国制作的一批绒制大熊猫。他曾经代表北京的绒制品行业出访过多个国家和地区，为祖国赢得了荣誉。1983年，他随北京市贸促会代表团赴法国进行技艺表演，深受观摩者的称赞。

◎ 高振兴在协作单位培训学员 ◎

（四）李桂英

李桂英1939年出生于北京，中华人民共和国成立后，在爸爸的支持下她上了学。当时，她的学习成绩不错，而且“艺术天分”颇高，画得一手好画。红军爬雪山、过草地，各种花卉、鸟兽都在她的画中出现过。在她的印象中，那时的学校很小，同学们的画没有地方展览，都是挂在胡同里，而她的画就占去了一大半的面积。

小学毕业之后，李桂英就到了木器加工合作社工作， 1957年，她父亲听说北京绒鸟厂的前身北京绒鸟合作社要招人，李桂英便报了名，经考试后被录取。在参观厂子的时候，看着工人们手中花花绿绿的小绒鸟，她一下子就喜欢上了绒鸟。

那时候李桂英每天上班的行程都很费一番周折，早上要从木樨园走到永定门坐“当当车”（有轨电车）到崇文门外，才能到达绒鸟厂。

作为新入厂的学员要先用工人们剩下的绒条练手，练习镊子、剪子等工具的使用，练搓条、刹尖儿等简单的工艺程序。李桂英不仅白天在厂子里认真学习，下了班别人都跑去玩儿的时候，她还在“偷偷”练习，练就了一手过硬的基本功。1959年，在绒鸟厂学习了近3年的她到了要“出师”考试的时候。那次考试的内容是制作“小行龙戏珠”，考试结束时无论是从质量还是数量上说，李桂英都是佼佼者，以第一名的好成绩成为了张宝善的徒弟，破格进入技术室工作，刘存来对她的评价是“踏实、好学、肯干”。

1960年，李桂英开始了独立创作。她设计制作了《神童钓鱼》，和张师傅合作制作了《丰收萝卜》，和师兄高振兴合作制作了《丰收大白菜》，形态逼真，形象栩栩如生。此后，李桂英开始大量创作，由于对生活的细心观察，椰子树、猴子、山石鸟、飞鸟、小公鸡等都成了她创作的素材。日积月累，通过不断的学习与创新，她创作出的艺术品造型美观、做工精细，形象逼真、传神，而颜色鲜艳、润嫩等特点又形成了自己独有的艺术风格。为了做出逼真的绒鸟，李桂英反复琢磨、细心观察，经常去公园和动物园看鸟，观察鸟的颜色、姿态、动作，她说，只有这样，做出的绒鸟才能达到颜色润、能传神、活灵活现的效果。

一路的创作生涯，使李桂英获得了诸多的荣誉和认可。1988年由李桂英领衔设计制作的《大龙车》《龙女游春》现收藏在工艺美术博物馆。1986—1989年设计制作的《唐老鸭》《蓝精灵》《象形》《白雪公主与七个小矮人》等多次获得一等奖。20世纪90年代前后，尤其北京绒鸟厂改制、与北京木刻厂合并后，绒制品似乎淡出了北京人的视线，绒鸟厂的很多职工不再从事这一职业，唯有李桂英依然不懈地坚守着这一行业。在北京民间艺术家协会中，她是北京绒鸟的代表性人物，1988年10月参与北京电视台《今晚我上镜》《北京您早》栏目的录制。2000年12月参与中央电视台生活节目《夕阳红》的录制。

李桂英在北京绒鸟厂技术组搞设计创新工作一干就是35年，因为对这门手艺有着特殊的爱好和浓厚的兴趣，1992年退休以后她依然沉浸于绒鸟、绒昆虫和绒花的制作。为适应市场需求，李桂英恢复了绒制凤冠制作。曾经，夏文富制作的凤冠在北京绒制品中就独树一帜，知名度很高，李桂英继承了传统绒制凤冠的表现形式。李桂英制作的凤冠，做工非常精致，既有龙凤造型，还有用绒条做出来的各种吉祥图案，与传统

◎ 李桂英和她做的凤冠 ◎

绒制凤冠不同的是，她在凤冠上点缀少许亮片，如此装饰后，更符合现代人的审美，给人一种精美绝伦的感觉。

李桂英对绒制品技艺有着一份执着，为了挑选制作绒鸟的原材料，她每隔几个月就亲自去南方选购丝绒，往返的路程就要花掉她大量的时间和精力，并且家中的钱也都用在了绒鸟制作方面。这一阶段，在公众眼中，李桂英是北京绒制品的唯一坚守者。

因为绒制品的制作过程非常复杂，每完成一件作品既花费时间又很辛苦，现在的年轻人很少有能坚持学习下去的，所以她只好劝说自己的女婿梁限成跟着自己学。其实梁限成有一份稳定的工作，又有书画和篆刻的特长，但为了继承、创新、发扬绒鸟工艺，他放弃了自己的事业，跟随岳母学做绒鸟，通过多年的学习与研究，不仅成了北京民间艺术家协会的会员，还是社会公认的北京绒制品的传人。梁限成与李桂英共同创作的作品曾多次参加国内外的大展，被多家媒体报道，并被多家博物馆收藏，他们合作完成的《大公鸡》参加了2005年的华夏风韵民间艺术展，并被选入2005年作品集。

可惜的是，正当李桂英为传承北京绒制品艺术努力之时，可怕的脑血栓使她止步于绒制品艺术生涯。

（五）蔡志伟

1971年出生的蔡志伟从小喜欢手工艺，一个偶然的机会，他遇到了高振兴师傅，这位师傅曾是北京绒鸟厂的技术骨干，也是北京绒鸟老艺人张宝善收的第二个徒弟。蔡志伟在高师傅那里看到一幅绒鸟作品图片，画面上一只公鸡挺胸昂首，母鸡慈爱温柔，旁边5只小鸡团团围绕，或等待母鸡哺育，或调皮相争玩闹。这是张宝善1957年去扬州传艺，偶然在江南水乡石桥畔看到的画面。这幅作品图片一下就吸引了蔡志伟，让他感受到传统手工艺的魅力。此后，他开始向高振兴学习绒鸟、绒花制作技艺。学艺的过程是艰苦的，就以搓绒条为例，这是绒活儿最大的难关，刚开始做的时候，每天都要搓几百根绒条，拇指和食指磨得都没了指纹，那会儿还在上班的他，指纹打卡都没办法打上。有付出就有回报，他掌握了北京绒鸟（绒花）制作的全套技术，制作出了

《全家福》《双孔雀》《丹凤朝阳》《金鸡报晓》《松鹤长青》等作品。2007年7月，蔡志伟的作品《双孔雀》在中国工艺美术学会组织的第五届中国工艺美术博览会上获“中艺杯”银奖，后被东城区非遗博物馆收藏；2009年，他的30多朵绒花作品又被东城区非遗博物馆收藏；

◎ 双孔雀（蔡志伟制作）◎

2010年2月，作品《丹凤朝阳》被中华民族艺术珍品馆收藏。同年，蔡志伟被评为北京绒鸟（绒花）的区级代表性传承人，参加了原崇文区组织的赴英国和德国的文化交流活动。

经过坚持不懈的努力，蔡志伟成为三级工艺美术师，作为北京绒鸟（绒花）制作工艺的传承人，每年参加庙会、展会、非遗活动等宣传北京绒制工艺品，在中小学、社区街道开设的传统工艺课程中讲授北京绒花绒鸟，以讲历史、讲文化及互动等方式，传播传统民间艺术。

北京绒鸟厂成立以后的绒制品技艺传承谱系

代别	姓名	性别	出生年份	文化	传承方式	学艺
第一代	张宝善	男	1907年	不详	家传及著名花儿高	1920年
	夏文富	男	1913年	不详	师从李本三	1924年
第二代	刘存来	男	1938年	大学	师从张宝善	1955年
	高振兴	男	1939年	不详	师从张宝善	1955年
	马荣芬	女	1937年	初中	师从张宝善	1956年
	刘树林	男	1937年	初中	师从张宝善	1956年
	李桂英	女	1939年	初中	师从张宝善	1959年
第三代	梁限成	男	1971年	高中	师从李桂英	1999年
	蔡志伟	男	1971年	大学	师从高振兴	2003年

历代艺人们坚持不懈的传承，为北京绒制品的发展做出了杰出的贡献。

注 释

[1] 汤用彬、彭一卣、陈声聪编著：《旧都文物略》，书目文献出版社，1986年，第256页。

[2] 中国第一历史档案馆、香港中文大学文物馆合编：《清宫内务府造办处档案汇总》第4卷，人民出版社，2005年，第251页。

[3] 中国第一历史档案馆、香港中文大学文物馆合编：《清宫内务府造办处档案汇总》第4卷，人民出版社，2005年，第253页。

[4] 中国第一历史档案馆、香港中文大学文物馆合编：《清宫内务府造办处档案汇总》第6卷，人民出版社，2005年，第439页。

[5] 中国第一历史档案馆、香港中文大学文物馆合编：《清宫内务府造办处档案汇总》第9卷，人民出版社，2005年，第200页。

[6] 中国第一历史档案馆、香港中文大学文物馆合编：《清宫内务府造办处档案汇总》第10卷，人民出版社，2005年，第398页。

[7] 中国第一历史档案馆、香港中文大学文物馆合编：《清宫内务府造办处档案汇总》第39卷，人民出版社，2005年，第83页。

[8] 北京市政协文史资料研究委员会、北京市崇文区政协文史资料委员会编：《花市一条街》，北京出版社，1990年，第12页。

[9] 北京市政协文史资料研究委员会、北京市崇文区政协文史资料委员会编：《花市一条街》，北京出版社，1990年，第32页。

[10] 中央手工业管理局研究室、北京市手工业管理局编：《北京市手工业合作化调查资料》，财政经济出版社，1956年，第29页。

[11] 钱定一编著：《中国民间美术艺人志》，人民出版社，1987年，第362页；原载《北京花事物刊》。

第二章

北京绒制品的工艺特点

北京绒制品经历了传统绒花、立体摆件、卡通玩具、装饰挂屏几代产品升级阶段，每一阶段都有各自的特点。

第一节
北京绒制品分类

北京绒制品没有严格的产品分类，故而也只能按照原北京绒鸟厂产品名录加以简单归类。

◎ 聚宝盆 ◎

一、绒花

绒花可以分为三类：第一类是绒头花，如福寿喜字、桃花、水仙、小团鹤、聚宝盆、小肥猪等；第二类是大小凤冠、双凤牡丹、吉庆谷穗、喜鹊梅花、事事如意等较细致的绒制品；第三类是少量供出口的产品，如绒制八仙人、绒盆景、戏装花、各种花篮、狮子以及盆花等。

（一）头花

从清朝到民国，妇女盛行佩戴绒花或绢花，其中绒花的造型品种更多，不论是民俗节日还是出席红白喜事，妇女佩戴头花相当普遍，不能缺少。社会需求也促进了绒花品种的不断创新增加。

聚宝盆：这类头花种类比较多。既然是“盆”，首先要用绒条做出类似盆状，有简单的盆的形状，也有盆口带花边的、盆底有足的，有些像鼎。而“盆”里的内容一定要有“宝”，这里面的“宝”必须要有钱，或石榴，或如意，或葫芦，或寿桃等，还要有红红的火焰，代表红红火火。

喜花：早年妇女在参加婚庆活动的时候，一定要佩戴头花，这时戴的花是大红色的，有大红色的龙凤喜花，有凤花、喜事连连花，从颜色到寓意都透着浓浓的喜庆。

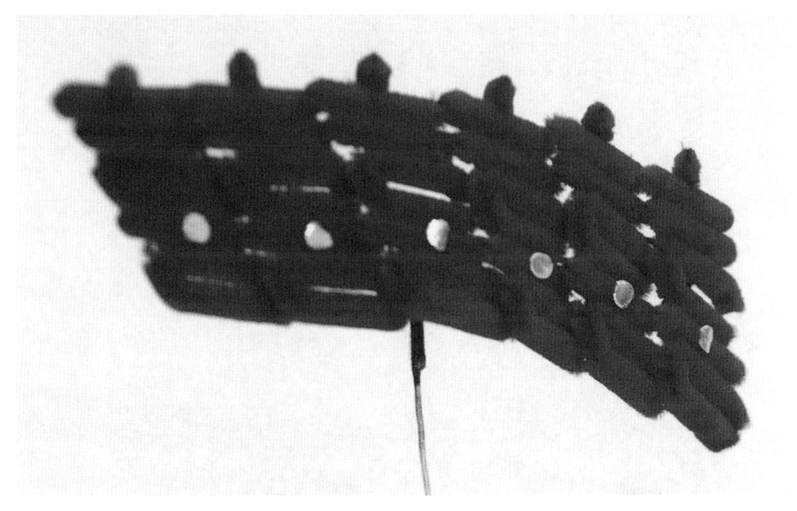

◎ 喜事连连 ◎

福禄寿花：这些是表达吉祥寓意的头花，可在出席喜寿庆典时佩戴，平日也可佩戴。

◎ 福禄寿花 ◎

戏剧戴花：绒制头花在古装舞台戏剧、电视剧中被广泛应用。“86版”电视剧《西游记》第16集“取经女儿国”中太师戴的头饰就是当年北京绒鸟厂制作的，电视剧《延禧攻略》中的许多头饰也是绒制戴花。

（二）花篮

花篮是在头花的基础上制作的可以摆放在案头的装饰品。用做聚宝盆的方法放大制作花篮，在里面插入用绒条制成的各种花卉。

◎ 大花篮 ◎

20世纪80年代前后，北京绒鸟厂将花篮的概念延展，设计制作出盆花，在花盆中“栽种”树木花卉，再配上小鸟落枝头，既有意境，也有画面感，更能称得上是绒制艺术品。若在花枝上缠绕上彩灯，则可以增添节日气氛。

◎ 盆花（蔡志伟制作）◎

二、绒鸟

绒鸟是北京绒鸟厂成立后最多的绒制品类别，鸟的种类达百余种，或大，或小，或组合，不仅受国人的喜爱，也受世界各国，尤其是欧洲国家的欢迎，是北京绒鸟厂出口创汇的主要产品。据1987年1月20日《中国农村经营报》报道："1986年以来，这个厂注重开发新产品，仅绒鸟一项就开发新产品100多种。1987年实现产值 900多万元，利润90万元，产品出口额达436万元。”

（一）绒鸡

油鸡：绒鸡是老艺人张宝善于20世纪50年代创制出来的，初时只是用黄色绣绒做出小绒鸡，奶黄色的小绒鸡与刚刚破壳而出的小鸡极为相似，生动形象，被称为小油鸡。

◎ 小油鸡 ◎

雄鸡：即大公鸡，这是在北京绒鸟厂对绣绒染色处理更加成熟之后设计制作出的品类。不同的配色和形态又可以变化出不同的类别，有打鸣的公鸡，有大红公鸡，也有应国外要求定制的芦花鸡等。绒制公鸡的表现特点是尾部，其制作方法与身体的制作有所区别。

◎ 金鸡报晓（蔡志伟制作）◎

母鸡：主体的体形与公鸡的主体基本相同，只是在头部和尾部的制作上有所区别，而且母鸡的形态一定要显示出母性的温存，或低头觅食，或衔虫喂食，或带幼漫步。

◎ 母鸡（右）◎

（二）绒鸟

绒鸟是北京绒鸟厂产量最高的一个品类，也是种类最多的品类，可以说凡世间可见之鸟类，均可被做成绒鸟，故只能以小型绒鸟和大型绒鸟分类。

1. 小型绒鸟

最长尺寸小于25厘米的绒鸟可归于此类。较大一些的如孔雀，长26厘米、宽6厘米、高17厘米。最小的尺寸只有长2.5厘米、宽10厘米、高8厘米，在北京绒鸟厂的产品名录中就有这样一款孔雀。

◎ 大孔雀 ◎

◎ 小孔雀 ◎

小型绒鸟中产量最大的是鹦鹉，因为鹦鹉羽毛的颜色或红，或绿，或蓝，或黄，可谓色彩斑斓，而绣绒恰恰可以染成这些颜色，且色彩艳丽，用这些绒做出来的绒鸟鹦鹉仿真性很强，再加上具有鹦鹉毛茸茸的感觉，成为市场认可度很高的产品。

◎ 绒鹦鹉 ◎

2. 大型绒鸟

这类绒鸟是北京绒鸟厂在20世纪80年代创制出的作品，比小型绒鸟的制作难度要大很多。大型绒鸟一般都会与景物相伴，如依山石而立、傍树而栖。绒鸟艺人高振兴制作的《凤凰牡丹》高近1米，立于山石之上，有牡丹花相伴，很有意境。

◎ 凤凰牡丹（高振兴制作）◎

三、绒兽

绒兽的种类随着市场需求和制作技术的提高，不断创出新品种，有象形的老虎、猫、小熊、熊猫等，也有符合儿童喜好的卡通绒制小兽。

1. 象形绒兽

这类绒兽是在北京绒花转型至绒鸟后，由北京绒鸟厂设计制作出的又一代绒制品。以仿真为目标，如仿波斯猫的绒猫，不但形态仿真，就连眼睛也使用两种颜色，乍一看，与真的波斯猫别无二致。再如有着“山中之王”称号的老虎，也用绣绒做出了虎虎雄威。

◎ 波斯猫 ◎

◎ 老虎 ◎

◎ 熊猫 ◎

20世纪80年代，大熊猫成了具有代表性的中国吉祥物，北京绒鸟厂也将熊猫作为新产品开发的重点，创制出了绒制熊猫。自从这种憨态可掬的熊猫出世，不论是在国内市场还是国际市场都是非常畅销的产品，各种尺寸、多种形态的熊猫代表着中国，走向世界。

1990年北京亚运会以熊猫盼盼为吉祥物，当时的北京绒鸟厂正好借势做出熊猫盼盼系列产品，展示各类体育项目。

◎ 熊猫盼盼 ◎

2. 卡通绒兽

自从绒兽创制出以后，毛茸茸的小绒兽成为儿童喜爱的玩物，尤其是动画片中出现过的小动物，更是儿童希望得到的。北京绒鸟厂在看到这一市场需求之后，组织技术人员研发出卡通形象的绒兽，有源自成语故事的龟兔赛跑，有以十二属相为主题的卡通小动物，也有可以摆在案头的带木托的小猴子、以弹簧支撑的弹摆小兽等。

◎ 滑稽小兽 ◎

◎ 龟兔 ◎

2008年北京奥运会的吉祥物是5个拟人化的卡通娃娃，每个娃娃都代表着一个美好的祝愿：贝贝象征繁荣、晶晶象征欢乐、欢欢象征激情、迎迎象征健康、妮妮象征好运。绒制品福娃也被当年还在坚守绒制品制作的李桂英创作出来，成为向奥运会献礼的作品。

◎ 李桂英设计的福娃 ◎

四、圣诞节饰物

圣诞节是西方国家最热闹的节日，在节日前夕几乎每家都要装扮一番，摆放圣诞树，在圣诞树上挂满各种小饰物。对于北京绒鸟厂来说，这是一个很好的商机，为了适应海外市场的需求，绒鸟厂以圣诞树和圣诞饰品为主题进行产品开发。经过技术人员和老艺人们的共同努力，一系列圣诞绒制品被开发出来，有圣诞树、圣诞花环、圣诞老人、雪花及各种挂饰。绒制的圣诞老人是用绣绒制作人物的开端，在此基础上，各种卡通人物陆续被开发出来。

◎ 圣诞树 ◎

◎ 卡通小人 ◎

五、挂屏

将绒制品装入镜框，可做成墙上挂屏。20世纪60年代，夏文富老艺人就曾将北海九龙壁中的九条龙分别制成圆形铜圈挂屏。20世纪80年

◎ 龙挂饰 ◎

代，北京绒鸟厂又将墙上挂屏作为新产品予以开发，成为第三代产品。

以图案为题材的挂屏。由于北京绒制品既属于工艺美术，又在传统玩具中占有一席之地，所以其造型设计一定要符合这二者的属性。《狐狸和葡萄》这件作品就是20世纪90年代创制出来的，其创作灵感取材于《伊索寓言》中的“狐狸和葡萄”的故事。将这幅画面镶到镜框里，既可以作为儿童房里的饰品，又可以通过画面给孩子讲一段童话故事，还可以教一句“吃不到葡萄就说葡萄酸”的俚语。

◎ 狐狸和葡萄 ◎

蔡志伟创作的挂屏《黄莺翠柳》，两只绒制黄莺栖息在柳树上，仿佛在叽叽喳喳地对话，很有意境。

带有彩灯的挂屏。这类挂饰适合在节日里悬挂，如北京绒鸟厂制作的适合在圣诞节悬挂的平安夜挂屏，以圣诞老人和圣诞树为画面，周边有一圈小彩灯，接通电源后，小灯一闪一闪，很有节日气氛。还有一款挂屏的画面是松鹤延年，可以当作寿礼馈赠。

◎ 圣诞挂饰 ◎

◎ 松鹤延年 ◎

丝绒贴画挂屏。据原北京绒鸟厂厂长刘存来介绍，丝绒贴画挂屏可以说是绒制品的第四代研发产品，是将绒烫平后制作的艺术品，其制作手法仿照点翠，一点一点地粘贴到背景布上，所以作品效果有些点翠画的感觉。

◎ 丝绒贴画 ◎

六、建筑

用绣绒制作建筑是20世纪50年代由老艺人们创新研制出的作品。1956年和1957年，夏文富老艺人曾做过两个“天坛”，其中一个由进出口公司带到当时的德意志民主共和国参加展览。

20世纪60年代前后，北京绒鸟厂有几位老艺人都做过《北海九龙壁》，张宝善制作的九龙壁非常精细，用放大镜看，绒条比火柴棍还细，后来夏文富、刘存来、高振兴也都做过九龙壁。这一时期，北京绒鸟厂制作过多件绒制古代建筑，北海的五龙亭、故宫角楼等都被老艺人作为创作对象，创制出绒制品。除了古建筑，他们还制作出苏联援建的101工厂模型《101制金厂全貌》并作为国礼送给苏联。

制作绒制建筑尤其是制作九龙壁的经验，为北京绒鸟厂制作大型绒

◎ 龙车 ◎

制品奠定了基础，长66厘米、宽43厘米、高48厘米的龙车，是20世纪80年代的创新作品。

第二节

北京绒花、绒鸟特点

绒制品以铜丝为骨，丝绒为肉，铜丝与丝绒相绞成绒条，再用绒条塑型而成。

一、由里往外制作

制作小件绒制品，如绒花、小绒鸟时，只要用绒条直接塑型即可，若是大型绒制品，则需要先绑架子，再用绒条在架子上塑型。夏文富老艺人总结说："绒制品的制作与象牙制品的制作不一样，象牙雕刻是由外往里去，我们这个东西（绒制品）是由里往外。"

如夏文富制作《天坛祈年殿》时，首先要考虑里面架子的"胖瘦"，在架子外面缠上绒条后，要"长出多少肉"，如果处理不好，做出的成品就会不成比例。对于那个时候没有多少文化水平的老艺人来说，制作出这种大型绒制品还是有相当难度的。

二、以线塑型

不论是制作绒花还是绒鸟，都要先用铜丝与丝绒绞成绒条，然后再用这些绒条塑出各种制品。绒条如同一根根线条，通过折、卷、堆、粘等多种手法塑型。

三、讲究配色

丝绒可以根据需要染成多种颜色，将这些颜色的绒条根据制品需要配色，尤其在做绒鸟时更讲究用多种颜色的丝绒进行配色。老艺人夏文富在制作绒鸟的实践中总结出按比例配色的实用性经验，如做孔雀时，头部是深蓝，再往下依次为中蓝、二蓝、三蓝、四蓝，这么往下砌，这样做出来的效果如同绘画中的皴染。另外一种是高对比度的配色，如做

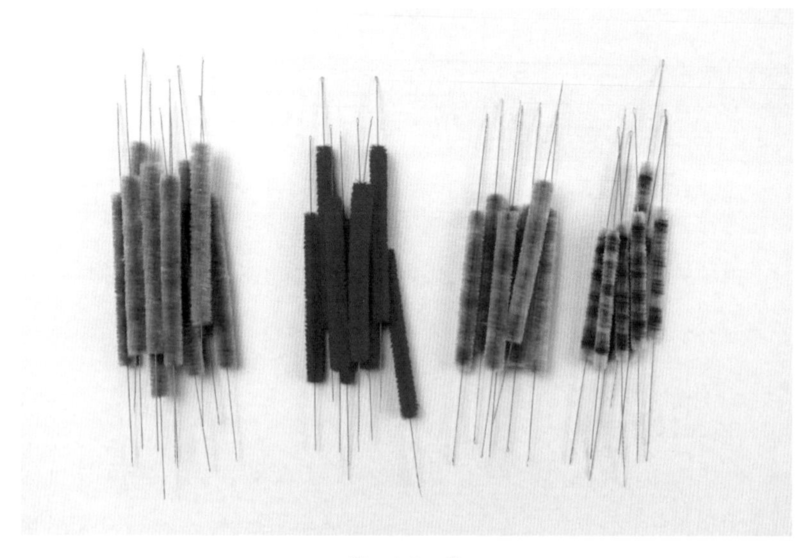

◎ 绒条 ◎

绥带鸟时，鸟的膀子尖是红色，往下排是深粉色，经几层过渡至白色，紧接着是蓝色，这样的颜色配合突出的是冷暖对比、明暗对比，用中国传统文化理念可以理解为阴阳色对比。以这种高对比度制作出的绒鸟更显亮丽。

◎ 绒鸟的配色 ◎

四、趣味性强

绒制品不但划归工艺美术的范畴，也属于玩具范畴，尤其是一些小绒鸟、绒兽更是玩具业中不可缺少的品类，因此趣味性就成为北京绒制品的一大特点，卡通绒兽、圣诞装饰也应时而生，制品突出头部、面部的夸张效果，以及绒兽动作、神态的趣味表现，并借助弹簧等使绒兽动起来，获得了更多的儿童的青睐。

◎ 滑稽猫 ◎

◎ 弹摆小兽 ◎

第三章 绒花、绒鸟制作的技艺

第一节 绒花、绒鸟材料及工具

第二节 绒花、绒鸟的制作方法

第三节 几种有代表性的绒制品

绒花、绒鸟的制作一直是手工制作，在北京绒鸟厂成立之前，每件作品都是由一个艺人独立完成，这种加工方式的优点是每位艺人都掌握着全方位的技艺。北京绒鸟厂成立以后，为了增加产量，改进了加工制作方式，按工艺流程分解为若干道工序，成为流水线管理，流水线上的工人只负责自己那道工序，这种方式有利于对绒制品产量和质量的把控，但若要成为全能型的绒制品艺人则需凭个人的技艺钻研和努力。绒制品的制作还有一个特点是，在掌握基本技艺之后，艺人可以自由发挥。

第一节

绒花、绒鸟材料及工具

绒花的制作材料主要有蚕丝和做骨架用的铜丝。其他辅助材料有染料、木炭、各色皱纹纸、皮纹纸、菜籽（塑料珠）、糯米胶（白乳胶）、各色料珠亮片等。工具有针梳、鬃毛刷、扎绒台、剪刀、钳子、镊子、木质撑板。辅助性工具有煮丝、晾晒、烧铜丝的器具等。

一、材料

（一）蚕丝

绒制品的原料主要为蚕丝，制作时所用的蚕丝大部分是熟丝，即先将生蚕丝煮熟，所以又称熟绒或绣绒、丝绒。对生蚕丝的煮沸过程实际上也是对蚕丝进行脱脂的过程，因此熟丝相较于生丝更加柔软细腻，用来制作小件的绒制作品，显得格外精细逼真。熟丝特别适合表现绒花、绒制鸟兽等微小细致的部位，如花蕊和鸟兽的嘴部、翅尖等。而生丝较硬，更为坚挺，适合做造型较大的产品以及需要塑造形体的绒鸟兽作品，如制作母鸡的身段就要用到生丝，其上再组装鸡冠、羽翅、尾巴等用细丝表现的较精细轻软的部件。

◎ 绣绒 ◎

绒制工艺品最早使用的是天然蚕丝，到后期开始出现替代材料。1987年北京绒鸟厂开发出绒鸟第四代产品，用PAN长丝替代天然蚕丝，PAN长丝工艺品的开发，结束了做绒花必须使用天然蚕丝的历史。这里所说的PAN长丝是一种合成材料，属于化学纤维的一种。

（二）铜丝

铜丝的作用是夹紧绒丝并经过滚制成为绒棒的芯，是整个绒花作品的骨架。铜丝有韧劲，需要先用无烟煤加热把上面的漆去掉，所烧得的铜丝柔软顺手。制作绒花常用30～38号铜丝，韧性较小，不需再次加工，铜丝富有光泽，呈金黄色。

铜丝有不同粗细，30号最粗，38号最细。一般来说36号铜丝较为通用，用于做一般绒制花朵以及小件的绒鸟、绒兽。有时依据作品的情况也用铁丝，用于做比较粗的绒条，这样做出来的骨架粗壮结实，易于调整形态且承重较强，例如做绒鸡身段的绒条，直径约6厘米，成品大约一个手掌大，丝用的也是生丝，做出的绒条较结实、硬挺。

（三）皱纹纸、菜籽、料珠等

皱纹纸主要用于制作绒花的枝叶、树干以及绒鸟的腿等，以营造逼真的质感。菜籽用来做绒鸟兽的眼睛，也有用黑色塑料小珠替代的。各种料珠、亮片粘贴于绒制品的特定位置，可增强华丽的美感。

（四）木炭

主要在给铜丝退韧性时使用，在操作过程中，需要掌握铜丝停留在木炭上方的时间，以免火候过大铜丝易折断。木炭可购买也可自行烧制，或者用无烟煤替代。

（五）白乳胶

早先用于粘绒鸟的眼睛、四肢，绒条组合花瓣等。早期多使用糯米胶，做法是先将糯米粉用冷水拌匀，再倒入锅内用小火加热，在加热的过程当中必须要不断地搅拌，看上去稍有黏性就可以关火了。这种自制的黏合糨糊在使用时容易出现黏合度不足、粘纸等薄物时易起皱等问题。

20世纪60年代初，有一次，张宝善老艺人制作颐和园石舫时，需要用彩色玻璃纸当作石舫的窗户，然而在用自制的黏合糨糊粘贴时，却非常困难，总会出现褶皱。刘存来当时是张宝善唯一的外姓徒弟，看到师傅为如何粘贴才能不起皱发愁，他也急在心中。一次他去化工商店买东西时，无意间咨询了一下有什么比较好的黏合剂，化工商店的店员给他介绍了一种白乳胶，得知他是要试验一下后，店员竟送给了他一点。回来以后，他跟张宝善师傅一起试验，果然比自制糨糊好多了，不但粘出的玻璃纸不再起皱，用在别的地方效果也非常好。从此，北京绒鸟厂便开始用白乳胶替代老法熬制的糨糊。相较于原始方法，白乳胶粘得较快，不易生虫，且购买方便。

（六）染料

绣绒的颜色需要艺人们根据需要自己染。染料有许多种，大多数植物染料都可以用作蚕丝的染色。专业上将染料分为酸性染料、碱性染料和媒介染料。绒制品所用蚕丝染色时所用的一般为碱性染料，碱性染料染出的颜色清晰而漂亮，且碱性染料的上色性很强，使用少量的染料即可使所染蚕丝的着色达到充分的程度。

二、主要工具

制作绒制品的工具非常简单，有些是艺人们自制的。

（一）剪刀

剪刀分为剪拍子用的和剁活儿用的两种，不论哪种都比日常用的剪刀要大些。

为了一次可以将拴好的拍子剪断，剪拍子所用的剪刀刀口部分比平常家用的剪刀要长些。而剁活儿用的剪刀则与平常的剪刀差不多，但要有“尖儿”，这有时需要艺人们自己动手磨。之所以剁活儿的剪刀要尖，是因为在制作一些作品时，要将绒条剪出“尖儿”，而这“尖儿”则必须要用剪刀的“尖儿”剪出来。

◎ 剪拍子用的剪刀 ◎

◎ 剁活儿用的剪刀 ◎

剎活儿用的剪刀的刀口较一般的剪刀刀口要长5倍，比较罕见，市面鲜有出售，购前须通过店铺向剪刀厂提交订单，特殊定制。

（二）钳子和镊子

在绒制品制作中，钳子用于剪断铜丝或铁丝。而镊子则是制作时使用较多的工具，绒制品制作时用的镊子与平常的镊子也不太一样，不论是手握的地方还是镊子的两条腿都是圆滚滚的，艺人们说，这样的镊子在手里的感觉好，用起来灵活。

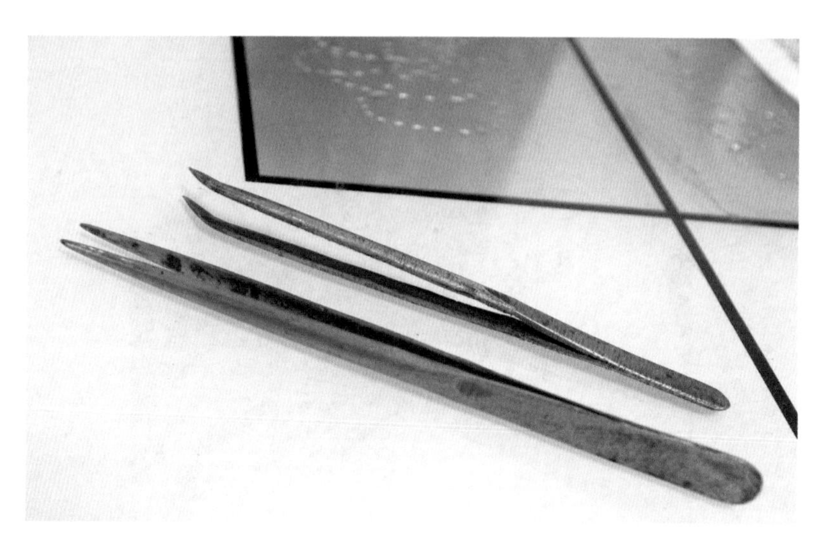

◎ 镊子 ◎

钳子和镊子在一般五金市场均有销售，尺寸无特殊要求，一般来说，尖嘴钳、平口钳以及虎口钳都要准备，直头或弯头的镊子按个人使用习惯而定。

（三）剎活板（剎活罐）

艺人在剎活儿的时候，都有自己的操作习惯。原来北京的绒制品制作有“张家门儿”和“李家门儿”之分，二者除了传承体系不同外，在操作上也有不同，而最大的不同就是在剎活儿这道工序上。

“张家门儿”以张宝善为代表人物，这一门派在剎活儿时使用剎活罐，是一种木制的圆筒，与笔筒相仿，在圆筒的上沿处做出豁口，用于支撑剪刀，而圆筒还有收集剎出的碎绒屑的作用。

◎ 刹活罐 ◎

“李家门儿”的艺人数量较多，以夏文富为代表，这一门派在刹活儿时会在桌面上放一块木板，木板边缘同样要做出一个豁口，用于支撑剪刀，这种操作方法比较简便。

◎ 刹活板 ◎

不论是“张家门儿”的“罐儿”，还是“李家门儿”的“板儿”，都是艺人们使用工具的一个习惯，并不说明哪种工具制作出来的作品更好一些。

（四）搓板

这里的搓板可不是洗衣服的搓衣板，而是将用铜丝夹紧绣绒而成的拍子搓成绒条的工具，这一工具实际上非常简单，就是两条木板，这也是绒制品艺人们在长期的实践中自制的便捷工具。

◎ 搓板 ◎

（五）其他工具

在绒制品加工中，烫活儿时会用到电熨斗，刀活儿时会用到针篦子（或称铁梳子）。

三、简单机械

20世纪70年代前后，北京绒鸟厂与全行业一样，大力进行技术革新和技术改造，对于绒制品而言，除了开发更多的新品种外，最主要的便是用机械代替部分手工，以提高生产效率。

（一）抨绒机

抨绒是将洗染后的绣绒绕成一挂挂的，用力向两端抻直的操作。在技术改造中，试制出了抨绒机，此后这种操作被机器代替。抨绒机的原理是在一端安装一个固定的圆柱杠子，轨道上安装一个可移动的轴，轴上有可装卸的圆柱杠子，工作时，将洗染后的绣绒一端挂在固定杠子上，另一端挂在移动的杠子上，随着电机转动，移动轴快速运动，转换成力，实现将绣绒抻拉的操作。这个机器有冲床的工作原理，只不过方向与运动轨迹都有所改变。

（二）搓条机

这个机器的设计理念来源于织布机，只不过不如织布机那么宽，整个机器由送绒、引铜丝、断绒和卷条几部分组成。送绒如同织布时的经线，铜丝则如同织布时的纬线，当绣绒被送到两根铜丝之间时，根据预先设定好的送绒长度，上下切刀如剪子闭合一样将绒切断，同时两端电机反向旋转，与手工搓条一样，完成绒条制作。机器制出的绒条比手工搓条要坚实。

◎ 搓条机 ◎

（三）剁活机

这种机器是由电动缝纫机改造而成，机器的传动部分没有改造，只是将电动缝纫机的机头部分做了改造，将可以上下移动的针杆下端与针板处各安装一个刀片，随着针杆的上下移动，两个刀片如同剪刀一样可以完成对绒条造型的操作。

◎ 剁活机 ◎

第二节

绒花、绒鸟的制作方法

绒制品的加工制作分为材料加工和作品制作两大部分。

一、材料加工

（一）蚕丝的选择

北京绒制工艺品最早是采用天然蚕丝制成的，后期开始使用化纤丝。从质感、光泽度等方面综合考虑，后者不如前者。另外，后者需要对丝织品进行加工，化纤丝使用熨斗烫时容易熔化，质量不如蚕丝绒。蚕丝和化纤丝的形状难以区分，一般常用火烧的方法。蚕丝是天然形成，因而火烧后，会有烧羊毛的味道，烧完后轻揉变成粉末状；而化纤丝烧后，味道刺鼻，不易捏碎，呈焦灰状。

（二）蚕丝加工处理

制作绒花所用的蚕丝大部分是熟丝，又称熟绒或绣绒。绣绒是用天然蚕丝制成，天然蚕丝也被称作生丝，生丝表面有胶性物质，即丝胶，这种丝胶是可溶的。去掉丝胶的工序叫作炼绒。炼绒简单地说就是把生丝放在锅里，加水和一些辅助材料进行烹煮，当水温达到80℃时，丝胶逐渐溶解，高于这个温度后，溶解加快，

◎ 炼绒 ◎

经这道工序后，丝上的胶质层可去掉，行业里称为“脱胶”。一般情况下一斤丝出7两绒，即熟绒重量是生丝的75%左右。

具体操作步骤如下：

第一步将每公斤生丝分成若干份，下锅前，基本上按4两一把扎好，每把留有50厘米左右的绳头，以便提取。

第二步是煮绒，每100斤开水可煮28～30两，水中按丝重的12%比例加入食用碱。煮的过程中始终要用火加温并不断用搅棒翻动生丝，一旦发现丝有粘棒，水面呈现细水纹的时候，即刻提丝离水。这个过程需要有一定的实践经验，如翻动不够或错过火候则会造成丝生熟不匀，影响美观。

第三步是洗丝，将煮好的丝先在清水中洗一遍，再在肥皂水中清洗一下。肥皂水是以每100斤水中放半块肥皂的比例勾兑。再在含有漂白剂的水中过一遍，最后再用清水过两遍。洗丝的过程要严格按照程序操作。第一锅煮丝的碱水仍有利用价值，可将水加至原来的位置，再加入食用碱，以丝重的8%计算，再重复上述操作，比较省火和时间，但是煮过第二次丝的碱水就不能再用了。

（三）染色

绣绒的染色是十分复杂而困难的工艺，染色的目的是在制作绒制品时达到理想的效果。

煮好后的绣绒要在潮湿的状态时才可以进行染色，染色用的色料为工业纺织染料，主要有碱性品绿、碱性湖蓝、碱性嫩黄、碱性橙、碱性棕、玫瑰精、碱性桃红、碱性黑等，上述染料若加以调配则可配出数十种颜色。传统绒花以红色为主。

染色的步骤如下：首先把色粉用水化成色浆，然后分次倒入水中并搅拌，仔细观察颜色的变化及浓度，直到达到所需要的颜色为止。水温的掌握对于不同的颜色有着不同的要求。颜色越浅的越难染均匀，难度较大。一般情况是每染完一次，剩下的色水就会减少一个色度，因此在染色中，可采用这种方法逐渐减色。但因为有些颜色需要用两种甚至三种色粉调制，所以染色时水中的色粉消耗量不同，因此，要注意颜色的

◎ 染色 ◎

变化，及时补充所需色浆。

绒丝在染色前要绷成松散的状态，染色时要紧紧抓住绒丝，在染色水中反复摆动以使上色均匀。为了固色，要在色水中染3次，每染一次都要用撬棍拧干后绷松。最后用清水洗掉浮色，再将染好的熟绒绷松后套在竹竿上晾晒。丝本是白色，但有的偏黄，因而需要用漂白剂进行漂白。

具体配色方法如下：

红色：深红（枣红）、大红、鱼红。使用色粉的主色为玫瑰精，副色为碱性嫩黄。

蓝色：深蓝、蓝、中蓝、浅蓝、淡蓝。使用色粉为碱性湖蓝。

绿色：墨绿、深绿、草绿、浅绿、黄绿。使用色粉的主色为碱性品绿，副色为碱性嫩黄，另选碱性湖蓝为副色，起到固色的作用。

粉色：深粉、粉、中粉、浅粉、淡粉。使用色粉为玫瑰精或碱性桃红。其中，玫瑰精染出的颜色属于紫粉色，碱性桃红染出的颜色属于肉粉色。

橘红色（也称橘黄色）：使用色粉主色为碱性嫩黄，副色为玫瑰精。

黄色：深黄、黄、中黄、浅黄、淡黄。使用色粉为碱性嫩黄。

（四）抨丝（绒）

丝绒经过漂洗、染色后会弯曲不直，因而需要对弯曲的丝绒进行抨丝。“抨”就是把丝或绒一头固定，一头用杠子先把水拧干，然后再使劲抻、拽，把它拉直即可。

◎ 抨丝 ◎

（五）铜丝的处理

拴拍子时需要将铜丝用手捻上，但是铜丝有一定的韧性，需要用火烧一下，使其退性，使得铜丝变软易捻。烧丝时关键是防止过火，一旦过火，铜丝就完全没有韧性了，易折断。

二、绒制品制作工艺

（一）造型构思

制订合理的计划是绒制品制作过程中相当重要的一步。因为绒制品在制作过程中每个部位用料的数量和种类、颜色的配比和尺寸的大小既决定其成本的高低，更决定作品各部位是否合理，整体是否好看。

1. 整体结构构思

整体结构构思是对作品的总体规划，如果是做绒鸟、绒兽，其头、身、尾等各部位的相对比例一定要事先规划好，头部占比多少，脖子占多少，身体要多宽，都要设计好，否则一件作品就不会成功。鸟、兽的构思还要考虑它们的神态特征，比如，是一只鸟在枝头叫喳喳呢，还是两只鸟在窃窃私语；再如小鸡，它们是在一起嬉戏呢，还是在觅食，又或者是在追逐奔跑；绒兽则需要根据它们的不同性格给予不同的形态构思。

建筑等大型作品，需要先用铁丝扎个架子，在做这类作品前更要事先做好整体结构构思。绒制品建筑大小是真实建筑等比例缩小而成，扎架子的时候不但要考虑建筑各部分之间的比例关系，还需要策划好外面加上绒后对各部分比例关系的影响，要留出一定的扩展量。

对于图案类的作品，则首先需要构思好画面的总体美观效果，确定每件绒制品在画面中的位置，根据透视关系确定每件独立的绒制作品在画面中的大小比例等。

新一代艺人有了绘画基础后，所有的构思都会先画草图。

2. 颜色构思

这种构思实际上就是配色，北京绒鸟厂制作的绒鸟之所以能够获得轻工部优质产品称号，其原因之一就是配色好。老艺人在这方面更有经验，而且每位艺人会根据自己对作品的理解进行配色。老艺人夏文富曾说：“绒制品的好与坏，跟做工和用色有很大的关系。一样的活儿，一样的颜色，你也用五色，我也用五色，你什么色下得多，什么样的比例，弄不好就会影响到这活儿。”

如果制作红绒花或小油鸡，只用一种红或黄颜色做成绒条就可以了，但如果是做绒鸟或公鸡、母鸡、绒兽等，用一种颜色就不能真实表现出制作对象的形象，或者说，不能突出制作对象的亮丽形象。所以在制作之前要先想好用什么颜色才能最好地表现制作对象的形象，达到最强的表现效果。

（二）劈拍子

“拍子”（也有写成“排子”的）是绒花、绒鸟制作行业用语，即制作绒制品的最基本单元——绒条。

劈拍子则是实施绒条配色的过程，也有说成是“匹拍子”的，也就是匹配颜色的过程。在北京绒制品行业内，所谓配色用行话说就是劈活，也就是根据作品的大小及各部位的比例，将不同颜色的绣绒排列。以制作绒鸟为例，劈拍子时按照鸟的头部、脖子、身体、尾部所需颜色按次序纵向排列。夏文富老艺人谈到劈拍子时说：“先得考虑这个身体多宽，脖子落到什么地方，如果落到膀子底下，这活儿就毁了，如果落在脖子的半截儿上，活儿也毁了。”这话听起来挺拗口的，意思就是在一根绒条上，各部位绣绒的颜色要按比例排列。

具体操作时，使用自制的特别工具，将一种颜色的绣绒两端夹紧固定，再将选定的第二种颜色的绣绒紧挨着排上去，同样固定两端……依次按事先设计好的颜色排列下去，都排好后绷紧，为下一步做好准备。

完成一件绒鸟作品需要劈出头、身、翅膀、尾部等多个拍子。

如夏文富在制作红绶带鸟时，劈拍子的比例大体如下：如果整个身体是一份，那么头也就占1/5，按照深绛紫色、浅绛紫色、枣红色的次序排列；下面的脖子占到余下部分的1/3，按深黄、中黄、草黄、浅黄、朝白几种颜色排列；余下的身体部分再按头部颜色反向配色。如此配色，绒鸟身体呈现两头颜色深，中间颜色浅，远观时鸟的整体是亮的。红绶带鸟的红显现在鸟的翅膀上，所以其翅膀是大红色的，但在边缘处要配豆青色边，或蓝色边，或浅蓝边，这在行内称作“挂边儿”，这样就可以把整个鸟的身体的颜色抬起来了，不单调。

劈活儿就是要把绒劈开，把里边的脏东西择净，里边如果有一个绒疙瘩，搓出条来就是一个豁口。劈拍子的时候手得捏着最端头处，手往上捏高了，上头劈顺了，底下就瞎了，把上头捋顺了，底下没捏着的就乱了，这是劈拍子最重要的地方。拍子两头搓出来的条有毛茸茸的感觉，这样两头的条叫“毛条”，行话里也叫“毛头”。毛条是不能使用的，北京绒鸟厂在这方面的技术要求是比较严的。

（三）拴拍子

“拴拍子”也叫“拴条”或“拴活儿”，是在劈好的拍子上等距离地拴上铜丝。这一步和剪拍子、对条、搓条、刹活儿都是绒制品制作过程中最基本也是最重要的步骤，它们决定着一件作品能否制作出来，是否有观赏性。一般这几道工序需要训练一两年才能掌握。

拴拍子的具体方法是：把劈好的绒用两根挑杆夹好后，用重物压在拴拍子的架子上，然后用鬃刷把垂下来的一边刷顺、刷齐、刷亮，一定要把绒中的断头、疙瘩去除干净，刷好后用夹棍按照所需的尺寸夹好、夹紧，接着掉过头来把另一头也用同样的方法处理一遍即可。拍子刷好后就是拴拍子了，所谓“拴拍子”就是把刷好的绒用所需型号的铜丝按计划中的间距和根数一根根地捻在拍子上的过程。等铜丝在整块拍子上都排列好后，这块拍子就算拴好了。

拴拍子时要求铜丝之间的距离均匀且平直，人眼有时观察不是很准，容易越拴越宽，也有可能拴得宽窄不一，拴出的绒条也就疏密不

◎ 拴拍子 ◎

匀，或出现两头粗中间细等情况。

拴拍子需要两根铜丝夹紧绒条，两手捏住铜丝的两端时要用力一致，不能一边力大，一边力小，否则会出弯，行话叫“空兜儿”。往往越宽的拍子越不容易拴，也就越容易出现“空兜儿”现象。所以说，拴拍子这道工序是绒条成型的重要工序。

夏文富聊到拴拍子工序时说：“在配色之后就要说拴活儿了。配色，行话就是‘劈活儿’，就是劈下拍子要的配色，用多少料全靠劈活儿。说到拴活儿，‘劈、套、拴’都得会。劈完了就要套色了，如果套反了，色就给拴反了，这个活儿就变样了。比如说红的、蓝的，套的两头是白的，结果两头全套成蓝的了。有的是一头蓝的，两头全套成蓝的了，那脊梁背上也是蓝点了，这颜色就错了。这样的事情经常发生。”

拴拍子要根据最后成品的大小，决定拍子的尺寸。夏文富在谈到这个问题时说：“再说尺寸，多大活儿要多大尺寸，看准尺寸放活儿，拴活儿是越拴越窄，拴活儿时铺好尺寸是2寸，可是大多数是‘吃’，行话叫‘吃活儿’，就是说最后出来的绒条两边不一样长。这与拴活儿的力度匀不匀有关系。拴拍子匀不匀全靠眼睛看，所以说直觉与拴拍子的关系最大，这关系到后续，比如说一个鸟的膀子，使3根粗的太大了，使3根细的太小了，要搭配使，一根粗一根细，可是这样膀子编出来就不匀实，不平整。拴拍子要拴得一般宽一般粗，有宽有窄、有粗有细就不成。”

说到拴拍子时如何上丝，即往拍子上捻铜丝时，夏文富这样说：“上丝有一种毛病是出‘空兜儿’。什么叫空兜儿呢？就是上丝的时候，两手拿两根丝往相反方向捻，由于双手力度不均匀，这边松那边紧，这边手上挺平的，那边手上却出了弯，出现了这种毛病，那等到剪拍子的时候就很容易把铜丝剪断，这根条就坏了，这样的条我们的行话叫‘落条’，那就出废品了，消耗量增大。活儿出来好不好，这些是特殊和重要的地方，一个劈活儿，一个拴活儿，这些是基本功。初学时，有的是两头宽中间窄，或上丝不匀，这是由眼神的错觉造成的，也就是这里面有透视的关系。这些技巧在我学徒的时候，很费劲才掌握了，那阵儿当师傅的不跟你详细讲，得自己慢慢体会，一边做，一边研究。”

那时候，绒鸟厂技术组里的人都能拴拍子，因为拴拍子是最讲技术的，也是最基础的技艺。夏文富回忆说：“像孔雀尾巴这活儿就不好拴。尾巴要掌握技术，得密，上不匀没法剪，剪下来就落了，两头紧中间松它夹不住，一剪就掉下来了。”

（四）剪拍子

“剪拍子”也有写成“铰拍子”的，又称“剪条”“剪活儿”。把拍子拴好后，从架子上卸下来，平放在平整的地方进行修理，把没拴好或者碰弯了的铜丝调直，把铜丝间的距离调均匀，这叫作修拍子。修好后，把拍子托在掌心上，然后用剪刀从每两根铜丝中间的地方一根根地剪在拍子板上就是剪拍子了。此道工序对剪刀的要求非常严格，首先是剪刀大，有一尺多长，其次是刀刃要极其锋利，剪口要光滑，不能有一点瑕疵，不然就会出现挂绒，也就是把绒从两根铜丝之间带出来，这样的条就散了，会给下道工序增添麻烦。

◎ 剪拍子 ◎

操作时，要求心平气和，托拍子的手要稳、要平，剪的时候要准确、麻利，特别是剪窄条时对剪刀和操作者的要求会更加严格。

夏文富老艺人在谈到剪拍子时说："剪拍子用的大剪子有一尺多长。剪活儿讲究匀，要是剪得稍微偏一点，这根条就不匀了。一般使剪子应该是立着的，但是剪拍子剪子不能立着，剪子得倒着，剪子的斜度要掌握好，这样剪子就压到板（这里的板指拍子板）上了，剪下来拍子啪嗒一下落到板子上，这是很难掌握的。在剪的时候也要研究，使的丝细了夹不住，在剪的时候，剪子偏度大了，这根条就落了。在剪拍子时，绒条一定要是匀的。剪拍子剪出的条匀不匀，在质量检查时是有规定的，不匀的就是质量不好。"

（五）对条和搓条

所有的操作都是一环接一环的，剪下来的拍子放在拍子板上，这些只是由两根铜丝将绒夹住，需要将其整理一下，把铜丝调到绒的中轴线上，然后捻成螺旋状，为下一道搓条工序做好准备，这样做能使搓出来的条整齐漂亮。对条关键是对手法的要求，要把铜丝之间的绒在滚动中

◎ 对条 ◎

对齐，对不齐这根条就不漂亮，捻出来的条像锯齿似的。

剪拍子时还有可能出现“落拍子”的情况。所谓“落拍子”就是绣绒离开了铜丝的夹持。如果不是太散，可以拾起来重新用铜丝夹紧，还能继续使用，这在行内叫作“拾拍子”。之所以拾起来也是为了避免浪费，这种做法行内也称为“捧拍子”。拾起来的拍子还可以继续搓条。

搓条就是把对好的绒条用搓板搓紧，此工序要求搓的时候，一手捏着绒条铜丝的一端，另一端用搓板按一个方向搓，搓的松紧程度完全凭手感和经验掌握，搓劲大了，绒条会出弯，搓劲小了容易掉绒。搓的时候还要注意不要把铜丝的一头弄断，称为断丝。这方面夏老艺人总结道：“搓条如果赶上料不好，爱断丝。如果丝一头断了，就费事了。”

◎ 搓条 ◎

在绒制品行业，每个艺人搓条时用的力不一样，所以发出的搓条声音也不一样，好听的时候会有鸣儿鸣儿的响声，随着响声绒条就绷起来了。

（六）刀活儿

刀活儿即刀条，也叫打条。在刷拍子时有时会留下一些杂质，所以有些粗点的绒条，特别是一些做身子用的大一些的绒条，会出现因为杂质造成倒绒或缠轴的现象，看上去不通透。因而需要刀活儿，也就是将绒条梳理整齐，刀过的绒条会蓬松起来，便于下一道工序的操作。刀活儿时，针篦子的力度要掌握好，既要使针尖深达铜丝，又不能刀不到底，如果刀不透，绒条的颜色就表现不出来。夏文富老艺人讲过自己刀活的经验，说搓条的时候绷不起来，刀条的时候就费劲了。他说："刀大条不能全在浮头刀（大条指比较粗的绒条，如鸟身子；浮头是北京老话儿，是表面的意思）。如果全在浮头刀，刀不到底，刀不透，出来的条就不通透、不漂亮。下针篦子深了不行，浅了不行，必须刀透了，还得要刀起来（让绒都立着），要把控好这个劲头。"他以鸟身子为例，讲述了刀活儿的要领，"要把鸟身子的绒毛全绷出来，显得很有骨力的样子，如果绒绷不起来，它就不漂亮。"

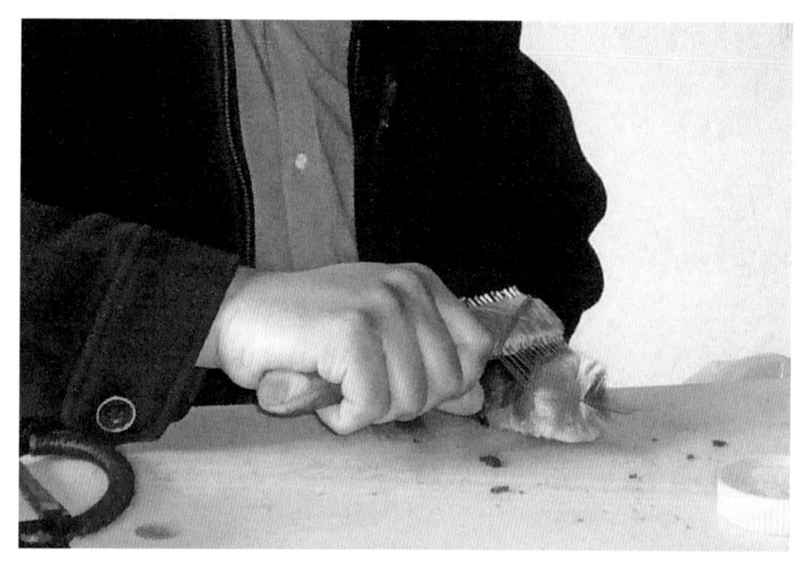

◎ 刀活儿 ◎

（七）刹活儿

刹活儿是绒制品加工中的一道重要工序，也是绒制品制作过程中技术要求最高的一道工序，行内称为“刹条子”，或叫作“刹形”，它决定了以后制作出成品的效果。刹活儿的手法比较复杂，做不同的活儿或同一个活儿不同的地方所用的手法和刹的形状会有所不同。前面提到过，刹活儿的工具中，“李家门儿”用刹活板，“张家门儿”用刹活罐，不论哪种，都是将需要刹型的绒条放到豁口处，用剪刀快速地剪，绒条也随之灵活地转动，绒条在板或罐上要靠得稳。

刹活儿的技术体现在刹尖儿，在绒制品中有很多收尾收成尖尖的地方，比如鸟的翅膀尖、花瓣尖、叶子的尖等，都要将绒条的尾端刹出尖儿，这也是作品美观的需要。

除了刹出尖尖的尖儿，还有的作品尾端的绒条是需要刹出圆头，比如剪“喜”字中横、竖笔画的尾端，一定要刹出圆润的收尾，就如同写字时，横、竖笔画起笔和收笔的时候要有顿笔一样。这种收尾也称为“馒头尖”。

按照夏文富老艺人所说，刹活儿分为刹大条和刹小条，手法有所不同。大条是较粗的绒条，小条则是较细的绒条。他说：“说刹大条，

◎ 刹活儿 ◎

主要是说剁鸟身子，下剪子时也有规律。这跟剁条时拿剪子和拿条的手法有关系，拿条的手与剪子底下要有块板靠着（夏文富剁条时使用剁活板），如果拿着条在板上打滚儿，这条就不干净了。所以在下剪子剁条的时候，要剪成什么样，要预先想好。剪子下去要有准，要多粗就多粗，这可以说是剁身体部分的一个窍门。"这是夏老艺人在多年实践中研究琢磨出的窍门，一根绒条别人可能要剁两遍，而他剁一遍就是一根条。

讲到剁小条，夏老艺人说："剁小条的时候就不一样了，使的劲不是一个路子的，做什么活儿使什么劲，才能够漂漂亮亮地做出来。比如说剁小尖儿，拿鸟尖说，这个尾巴用的是齐尖，膀子尖叫柳尖，如果这膀子尖也照尾巴这个尖，那么膀子就粗了，圆咕噜嘟，这精神就出不来了。所有尾巴就是齐尖，它是个圆角，膀子是个尖尖，这样做出来的鸟才精神。做喜字，这喜字是圆尖，如果做成叶子尖就不行了，所以说做出的活儿怎么样，与这尖有很大的关系。"夏老艺人介绍说，"尖有圆尖、柳尖、一般普通的尖。剁活儿时剪子使用的角度决定剁出的尖是什么样的。"

（八）烫活儿

不同的绒制品有不同的制作方法，不同的绒条有不同的用法，有些部位为了表现得更加生动逼真，需要用电熨斗熨烫平整。烫活儿看起来挺简单，可要真正烫好并不容易。为了烫得平整不起绒，可采用喷水或涂石蜡的方法进行处理。这种加工方法也是北京绒鸟厂老艺人们摸索出来的。夏文富老艺人在烫活儿时的操作是，将绒条先夹一遍捋顺，烫的过程中要喷一两遍水，且要掌握好喷水的量，喷大了容易出绺，烫出的绒就会成一绺一绺的，没有了光亮；如果喷少了，绒放不了两天就又直起来了。烫绒与烫衣服不一样，烫衣服时，电熨斗可以在衣服上来回移动，而烫绒时，电熨斗一压下去就不能动，等水汽一冒完赶紧拿起来，压倒的绒就再也起不来了。烫活儿的好坏全凭艺人的经验，掌握不好，就会出现将绒烫卷或烫劈的情况。

烫绒是很多作品中必不可少的，如做大公鸡的尾巴时，剁出一根根

◎ 烫活儿 ◎

的绒条后，必须用电熨斗烫平，再与其身体部分连接，整理后才能犹如真公鸡高翘的大尾巴。同样，绒兽的耳朵、各类鸟的尾羽、一些花瓣、各种叶子等，都需要将刹好的绒条烫平后使用。

夏文富老艺人讲了一段制作大型舞台道具“开屏孔雀”的事例。有一年，铁道部话剧团需要做一个开屏的孔雀，直径是5尺5寸，将近两米。有一个机械装置可以控制孔雀自动开屏，孔雀的四周是花，其中一个花盆中有控制孔雀开屏的开关，当需要时一碰开关，孔雀的尾巴“啪”的一下就打开了。孔雀道具用完了以后需要将尾巴捆起来，等下次演出时再用。制作孔雀尾巴的时候要用熨斗将其烫平，要是烫不好，就经不住捆。那年夏老艺人带领制作的这件“开屏孔雀”，烫出的尾巴用了两年都没有变形。

北京绒鸟厂还为北京电影制片厂制作过4只大蝴蝶，也是舞台道具。蝴蝶的翅膀在舞台上要能扇起来，如果使用其他绢质材料制作，会显得翅膀太轻、太软，扇起来的效果不好，所以选择用绣绒制作。这4只蝴蝶是用单色的绒制作，再由舞台美术师在上面用颜料绘制。这4件活儿也是由夏文富老艺人带领制作的，为了突出效果，需要将蝴蝶翅膀烫平，如果烫不好，绘制的时候就画不上，着色不匀。这4只蝴蝶翅膀上的花纹是正反面画，两面都是同样的花纹。样本做好后，北京电影制片厂的人非常满意，直接就拿走了。

（九）攒活儿

经过刹活儿做出来的绒条包括许多种类，有作为绒鸟、绒鸡等主体部位的身子，有绒鸟、绒鸡所需的翅膀、尾巴，有各种花卉的花瓣、叶子等。将这些种类的绒条组装起来，才能呈现完整的作品。这种组装操作称为"攒活儿"。

攒活儿按照先局部、后总装的次序进行，攒膀子、攒尾巴、攒花瓣等都是局部，将这些局部部件攒好后，再将它们与主体部分攒在一起。

攒活儿时用得最多的工具就是镊子，所以行内也将这道工序称为镊子活儿。镊子的使用对艺人也有很高的要求，它在艺人的手中要做到灵活转动，尤其做绒花时，镊子上的功夫要求更高。

攒活儿完全用双手，全凭在实践中的不断摸索。夏文富老艺人在讲

◎ 攒活儿 ◎

述镊子活儿时说：“做镊子活儿眼睛得准。眼就是尺，拿起这一根条有多长，要掐几个弯，都用多长的弯掐出来合适，这都是镊子活儿，这镊子活儿深奥得厉害。拿‘聚宝盆’来说，要拧出青丝花，一共17根（绒条），这纯是镊子活儿，要将一根条、一根丝攒到一起，特别需要技术。桃、石榴、佛手为三鲜，名叫‘三鲜聚火盆’。盆底、盆边、盆沿就等于是底座。大点、小点，哪边长度大，哪边长度小，都凭着一把镊子来控制，所以说，镊子活儿是最要紧的。”

夏文富老艺人总结的镊子活儿的手法是拧、捏、窝、掐、盘、粘6个字。

拧：不管多少丝的活儿，拧出来的花都不能露出铜丝。

捏：针对一排绒条而言，不论多少根，捏出来的弯儿要齐、匀。

窝：就是做花时将绒条任意窝出弯度。

掐：掐是在一根条上掐出几个弯儿，有大有小，或者是平均的，全凭眼力，要一下掐成，不然再掐直后，绒条就瘪了。

盘：盘在攒活儿中是用得比较多的手法，云彩是盘的，一些鸟的尾巴、孔雀和牡丹花也是盘的。夏文富老艺人说到盘云子活儿时讲得非常详细：“甭管用多长的条，要盘多大的云子，这镊子一卷一盘弯，就盘出这云子了。镊子一盘绒不倒，手一翻一捻，这是盘云子。”在绒制品加工中，还有很多地方都会用到“盘”这种手法，而且镊子的使用方法非常重要。夏老艺人说道：“鸟膀子不好弄，尖要一般大，镊子尖掌握不稳，多出一点尖来就不是一般大了，不那么匀实。”镊子活儿重要的是盘活儿，不同的东西，镊子的使用方法都不同，盘云子得往深处探镊子，盘尾巴得用镊子尖来盘。

粘：绒制品上的一些小部件，如鸟的嘴、冠、眼等，与主体的连接是用乳胶粘上的，粘的时候也离不开镊子，且使用镊子要利落，粘大活儿还好些，如果是粘小活儿，镊子尖上不能粘上胶，否则胶粘到绒上，整个制品就不干净了。例如粘鸟嘴时一定要粘到铜丝上。夏文富老艺人在谈到粘活儿时也讲了自己的一些经验：“现在粘鸟嘴没有我那种粘法了，一般的都是嘴长，下巴颏往上一挤，把嘴口挤进一块。我粘嘴，这伸着的嘴得铰下去，要对着丝粘，对着鸟嘴一粘，看上去，鸟嘴就像是顺着脑门长下来的，这样粘才合乎自然规律。”

综上所述，攒活儿不是单指一道简单的工序，它涵盖着许多内容。对攒活儿的人来讲要求动作麻利、做活认真，动作需要做到一步到位，不要反复修改，这样攒出来的作品才能好看、漂亮、顺眼。攒活儿算是最后一道工序，所以这道工序也是考验制作者的一道工序。

（十）熏活儿

熏活儿，简单地说，就是用热气熏一下绒条。但要注意的是熏活儿时火候的控制，熏时间长了绒容易湿，时间短了会熏不透。然而熏的目的不同，所起的作用也不同，熏活儿大致可分为三种目的：第一种是在拴拍子前，因为生丝较生硬，所以在存放中有许多地方易被压弯，光拉是直不了的，会给拴的时候带来不便，这时候就需要用热气熏一下，把丝拉直，便于拴拍子；第二种就是用丝拴好的条需要熏一下，这样条上的丝会比较挺直、通透；第三种，有些绒条需要一些特殊的形状，这时用热气熏一下，丝会变得柔软，再加上有些潮湿，易于调整成所需要的

◎ 熏活儿 ◎

形状。从上面的介绍可以看出，熏活儿主要是用在丝活儿上，绒活儿尽量不要使用或较少使用，因为绒比较柔软，熏的时候一旦把握不好，就会造成不必要的麻烦。

第三节
几种有代表性的绒制品

一、花篮

作品尺寸：高40厘米，直径25厘米。

花篮是北京绒制品的特色作品，而且经久不衰。这件《美丽北京》花篮是蔡志伟为纪念北京建都860年所做。花篮采用细绒条密排的技法，弯出圆圆的弧度，如同灯笼。花篮的篮口则用绒条横排，再用等距离的纵向绒条做箍，既是花篮的沿，又可以理解为老城墙。花篮里五彩缤纷的各种花卉，象征着新北京的欣欣向荣。为了使花篮更具活力、更

◎ 美丽北京（蔡志伟制作）◎

生动，在花丛中配上了一只绶带鸟，为花篮创造了鲜活的气息，也表达了愿北京长盛久安的美好期盼。

花卉的制作过程中需要用到捋、折、卷、刮、夹、撑等几种手法，也就是行内所说的镊子活儿。

折：将刹出的绒条用镊子从中间折一下，要折出尖儿。

◎ 折 ◎

夹：在折出的尖儿上用镊子夹得更尖一点。

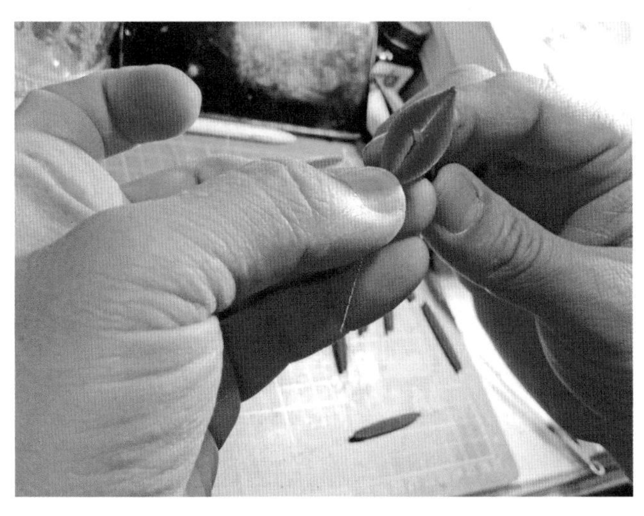

◎ 夹 ◎

撑：在夹好的一个花瓣中间用镊子向外扩一下，使其圆一些。如果是重瓣，在这个撑出来的花瓣中间再加入一个花瓣。

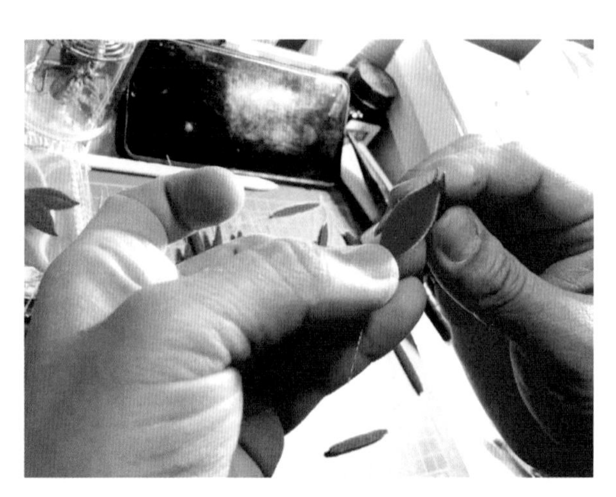

◎ 撑 ◎

如此一个个花瓣做出来以后，将它们一层一层地攒到一起，做出一朵红红的百合花。

制作百合花时，用到了镊子活中的刮、卷、捋等手法。

刮：用镊子夹住绒条，向一端快速地刮一下，绒条便能自然地向内弯曲。

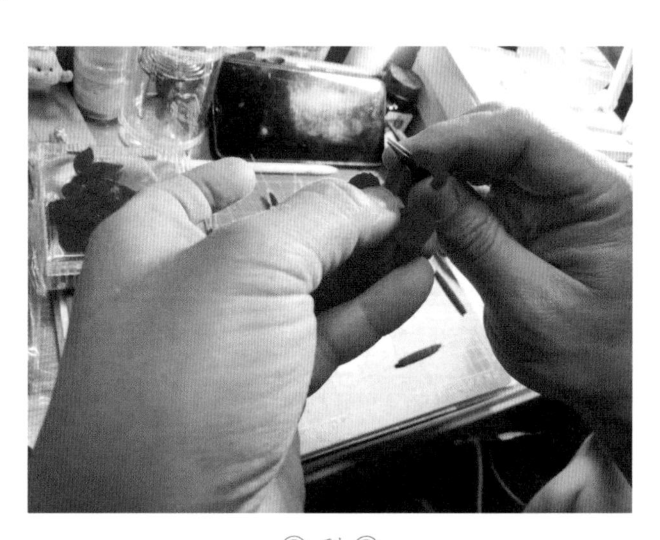

◎ 刮 ◎

卷：顺势用镊子夹住绒条的尖部向内卷，成为一个小圆花瓣。照此，再做出同样的几瓣。做花蕊的时候也用卷的方法，只不过需要多卷两圈。

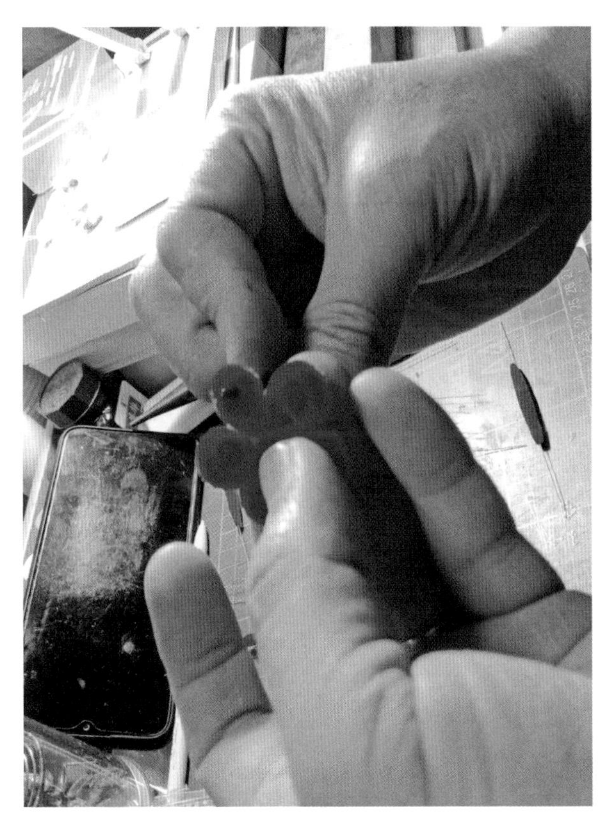

◎ 卷 ◎

捋：用镊子夹住花瓣向内稍翻转，做出一个上翘的花瓣。

二、亚运熊猫

作品尺寸：宽10厘米，厚7厘米，高17.5厘米。

这件作品是北京绒鸟厂为第十一届北京亚运会设计制作的。这届亚运会的吉祥物为中国的大熊猫，取名“盼盼”，寓意盼望和平、友谊，盼望迎来优异成绩。北京绒鸟厂设计制作的这套“盼盼”系列，包含了亚运会的大部分比赛项目，每一个熊猫可单独摆放，也可以组合展示。

◎ 亚运熊猫 ◎

由于绒制品的特殊品质，与大熊猫毛茸茸的感觉很相像，所以当作品创制出来以后很受市场欢迎，尤其国际市场更畅销。熊猫是国宝，绒制熊猫成为北京绒鸟厂的特色产品。

三、蝈蝈白菜

作品尺寸：长15厘米，直径6厘米。

这件作品是张宝善老艺人的遗作，由李桂英收藏。在工艺美术行业，蝈蝈白菜是一个通用的题材，最有名的是现存于中国台北“故宫博物院”的翡翠蝈蝈白菜。但用绣绒制作，这是第一件，也是唯一的一件。这件作品选用翠绿色，一方面是仿翡翠材质，另一方面白帮绿叶的白菜还是清清白白的象征，寓意淡泊名利和高雅的气节，做人要清清白白、堂堂正正。

白菜的寓意取自白菜的谐音，意为“百财”，有聚财、招财、发财、百财聚来的含意。明代，“蝈蝈”养殖从宫廷到民间就已经较为普

◎ 蝈蝈白菜（张宝善制作）◎

遍，那时皇宫内有两道门曾以蝈蝈名字命名，一曰“百代”，一曰“千婴”，这是延续了远古时代人们对蝈蝈生殖能力的崇拜。所以蝈蝈白菜合在一起便有了财富代代相传的寓意。

这件作品张宝善老艺人在制作白菜外层叶子及蝈蝈翅膀时，用熨斗烫平了一下，但又不是烫得非常平，只是将立着的绒烫倒而已。这种制作方法更能体现出白菜叶子的真实状态。

四、大龙舟

作品尺寸：长6尺，高3.2尺。

这件作品是北京绒鸟厂当年创作的精品之一，其创意取材于端午节赛龙舟，龙头、龙尾和舟身综合了我国各地龙舟的特征。金黄色的楼身，朱红色的门廊，蓝瓦绿檐，窗户镂空。入夜，龙舟上灯火辉煌，龙眼炯炯发光，殿檐四角的宫灯闪着光辉。

这件作品是北京工艺美术研究所老艺人路子达、夏文富、张宝善等集体创作的，也是绒制工艺品中的新尝试。

◎ 大龙舟 ◎

五、绒制对鸡

这是绒鸟厂艺人沈荣华设计制作的鸟禽类作品。作品造型独特，手艺精巧，色彩逼真。成功塑造了4只绒鸡两两相望，一左一右并肩同行的画面。左边绒制母鸡整体呈黄色调。头部深黄色调，顺着身子向下，

◎ 对鸡 ◎

色调不断提亮，呈中黄色。右边绒制花公鸡由多种色调组成，尾巴为黑色，鸡冠为红色，颈部以下为红色。腹部色调由亮红逐渐向暗红过渡。两只绒鸡色彩形成鲜明对比。

六、锦上添花

这是一件由山石、梅花和锦鸡构成的盆景作品，是北京绒鸟厂保留的精品之作。锦鸡是工艺美术作品里常见的题材元素，按照中国传统文化中以谐音寓意的创意思维，锦鸡与不同的花卉搭配，可以表达各种美好的吉祥祝福。如与绣球花相配，寓意“锦绣前程”；与玉兰花相配，又有“金玉满堂”之意。这件作品以迎风傲雪、寒香四溢的梅花相配，代表的是“锦上添花”。锦鸡下面的岩石又有长安永固的含意，几种景致巧妙搭配形成了一幅寓意深刻的吉祥景致。

◎ 锦上添花 ◎

七、凤凰牡丹

这件作品由原北京绒鸟厂职工高振兴设计制作。高振兴为绒鸟艺人张宝善之徒，是20世纪70年代绒鸟厂主要设计制作人员。凤凰与牡丹是中国传统的吉祥图案，凤为鸟中之王；牡丹为花中之王，寓意富贵。丹、凤结合，象征着美好、光明和幸福。所以民间常以凤凰和牡丹为主题进行创作，称为“凤穿牡丹”“凤喜牡丹”“牡丹引凤”等，作为祥瑞、美好、富贵的象征。

◎ 凤凰牡丹（高振兴制作）◎

八、黄莺翠柳

作品尺寸：高70厘米，宽40厘米，厚10厘米。

◎ 黄莺翠柳（蔡志伟制作）◎

作品的创作者是蔡志伟。他20世纪90年代开始受教于高振兴，学习绒制品制作技艺，颇谙其道，是现在北京绒制品制作的传承人之一。在继承的基础上，他不断创新出绒制品的新品类，这件《黄莺翠柳》挂屏的创作灵感来自杜甫的《绝句》中的“两个黄鹂鸣翠柳”。他不仅在用途上使绒制品增添了新的品类，更赋予了绒制品以深意和内涵。

九、鸟语花香

作品尺寸：高100厘米，直径50厘米。

北京绒花以前是妇女逢年过节佩戴的头花，一般都是有一定的吉祥寓意的，大部分绒花都用于发髻或胸前佩戴。北京绒鸟（绒花）项目进入北京市级非物质文化遗产名录以后，代表性传承人蔡志伟用传统的绒

◎ 鸟语花香（蔡志伟制作）◎

花、绒鸟制作方法，结合当代人的审美特点，创作了不同的花篮作品，这件《鸟语花香》作品中的花篮、花朵、叶子、鸟都是用绒条制作的。在绒条的染色上，大胆地使用淡紫色，更增添了春的意韵。

第四章 绒花、绒鸟与北京民俗

绒花与“荣华”谐音，表示吉祥富贵之意。所以清宫后妃们一年四季都头戴绒花，甚至连宫中侍女也要在鬓边戴一朵红绒花，以求吉祥。据说慈禧也非常喜爱戴大朵的绒制头花，《宫女谈往录》中讲述道，慈禧上朝前“戴上两把头的凤冠，两旁缀上珍珠络子，戴上应时当令的宫花，披上彩凤的凤披”[1]。所谓“当令的宫花”指的就是绒花。老北京民间也有着用绒花做头饰、挂饰的习俗，每逢节庆，妇女或小女孩儿总要在发髻、发辫或两鬓插上一枝鬓头绒花，增加喜庆气氛，表达吉祥寓意。

第一节
绒花的民俗含义

绒花是妇女作为发饰佩戴的花，这种绒花是早年绒制品的主要品种，又分为日常佩戴和节庆佩戴。

绒花以红色为主，红色被称作“中国色”，又是喜庆和节日里的必备颜色，以红色为主的绒花本身就具有极强的民族意义。绒花的题材取自民间广泛运用的吉祥表述形式，有直接用文字表述的福、禄、寿、喜，有用葫芦、石榴、佛手、桃子、百合、柿子、莲花等植物的内涵寓意表述的美好祝福，民俗意义蕴含其中。

（一）聚宝盆

聚宝盆，不言而喻就是一个盆，但在中国民间，它是财富的象征。每当提到“聚宝盆”三个字，呈现在人们眼前的一定是一个里面放满了金银财宝、各种美好祝福的盆，是人们对于富足生活的向往，所以也就出现了各种材质、各种造型的聚宝盆。

古代，聚宝盆被看作神物。这来源于沈万山（也有传成沈万三）的传说，据说他是明朝初年的大富豪，在他还没有大富之时，一天夜里，他梦见有百十多个青衣人乞求救命。次日清晨，见有一渔翁抓了百十多只青蛙正要剖杀，沈万山便拿出仅有的一串钱买了下来，随后将青蛙放入池水中。嗣后夜里蛙声喧嚣不停，吵闹得沈万山不能入睡。早晨起来，他前去池边准备驱赶，走至近前，却见众蛙都环聚在一只瓦盆四周，非常奇怪，就把这个盆带回家，想着当洗脸盆也不错。一天，他妻子用这个盆洗脸时，不慎将一件银首饰掉在盆里了，刚要从水里捞出来，却见盆中生出了满满的银首饰，不可数计，这才知道这个盆原来是件宝物。后来又试着把金银财货放到盆中，也一样聚生满盆，而且取之不尽，用完了又生出一批，从此他们家就成了富甲天下的大富翁，所有人都传沈万山会点金术，殊不知其实是他家里藏着聚宝盆。后来，人们把聚宝盆看作能给人带来财富的宝物，也祈盼家里存放个聚宝盆，让自家不为钱财发愁，渐渐地，请个聚宝盆便成为民间习俗。

用绣绒制作聚宝盆起源比较早，这也是根据人们的认知和信仰而为之，在庙会兴盛的年代，绒制的聚宝盆是庙会上的热门货，聚宝的样式也不断增加，而且都有着吉祥寓意。与其他材料制作的聚宝盆不同的是，绒制聚宝盆都要做出红红的火焰，代表着财源滚滚、红红火火。老艺人会为这些聚宝盆取上有着寓义的名字，如：万象聚宝盆、玉兔聚宝盆、三仙聚宝盆、金马驹聚宝盆、肥猪拱门聚宝盆、百世聚宝盆等。从最开始只有大红色，发展到后来根据人们的喜好添加其他颜色，使聚宝盆增加了艳丽的色彩。

◎ 聚财聚宝盆 ◎

1. 聚财聚宝盆

这是制作起来比较简单的聚宝盆，盆口是将绒条用镊子拧成麻花边，纵向绒条做出盆状，盆底横向一根绒条，两端向里卷，如盆底。盆内用镊子窝出铜钱外圆，再窝出铜钱内方，剁出尖的绒条排成火焰。这件聚宝盆既可以插在发髻上，也可以插在帽子上。

2. 丰收大聚宝盆

这是北京绒鸟厂1983年制作的，是一件制作繁复的作品，而且制作精细。盆体用纵向绒条排出，盆口和盆底的绒条既有美观作用，也起到固定作用，盆底盘出三个云子，两个铜钱为耳，整个盆如鼎形。聚宝盆里的“宝”也是极为丰富的，中间立着佛手，石榴、寿桃和柿子都在聚宝盆内，背后红红的火焰做成了散开状，更显旺盛之象。这个聚宝盆表达出了吉祥寓意。

◎ 丰收大聚宝盆 ◎

佛手：其谐音为“福寿”，意为多福多寿，它的形状向内合围，又有权力在握的象征，是皇家常用的吉祥图案。

寿桃：在工艺美术作品中，桃子具有寿桃的雅称，代表长寿吉祥。在我国古代有“夸父逐日”的传说，据传桃树是夸父的手杖化成，夸父逐日时，口渴难耐，弃杖而死，手杖即化为桃树林，从此，桃树就有了神异的色彩，并被赋予吉祥的意义。再加上有王母娘娘于每年三月初三邀请众神仙赴“蟠桃盛会”，吃了这里的蟠桃，就可以长生不老的传说，更将桃子贴上了长寿的标签，所以人们使用不同的材料制成桃形，用于祝寿。

石榴：寓意多子，有“榴开百子”之说，所以在这件聚宝盆的设计中，红绒的石榴开了一个口，露出粉红的石榴籽，包含多子多福的含义。

柿子：有“世世”的含义，常以两个柿子出现在图案或工艺品中，表达世世代代都吉祥的寓意。

佛手、寿桃和石榴并称为“中国三大吉祥果”，而这三种瑞果相组合，即为“三多九如”中的“三多”——多子、多福、多寿。而在这件聚宝盆中，将佛手、寿桃、石榴和柿子一同放入聚宝盆，表达出世世代代福寿绵长的美好寓意。再加上背后有着如火、如霞、如花的红色衬托，便有了“石榴花似结红巾，容艳新妍占断春”的意境，是新春时分万象皆好的祝福。这个聚宝盆做得比较大，是个案头摆件。因佛手、寿桃和石榴也被民间称为“三仙”，所以有这三种果实合在一个聚宝盆里时，便被叫作“三仙聚宝盆”。

（二）福寿绒花

福寿绒花中可以直接用文字绒花表述祝福，也可以借谐音用蝙蝠和寿桃表达福寿。

1.“福”字花

“福”字最原始的含义是“向上天祈求”，这种意思表现在甲骨文中。后来，“福”又特指祭祀用的酒肉。随着社会的发展，“福”的含义被逐渐延伸、扩展，被加入了事事顺利的意思，有“全寿富贵之谓福”的说法，福运、福气的意义都包括在其中了。现在，我们大多数人

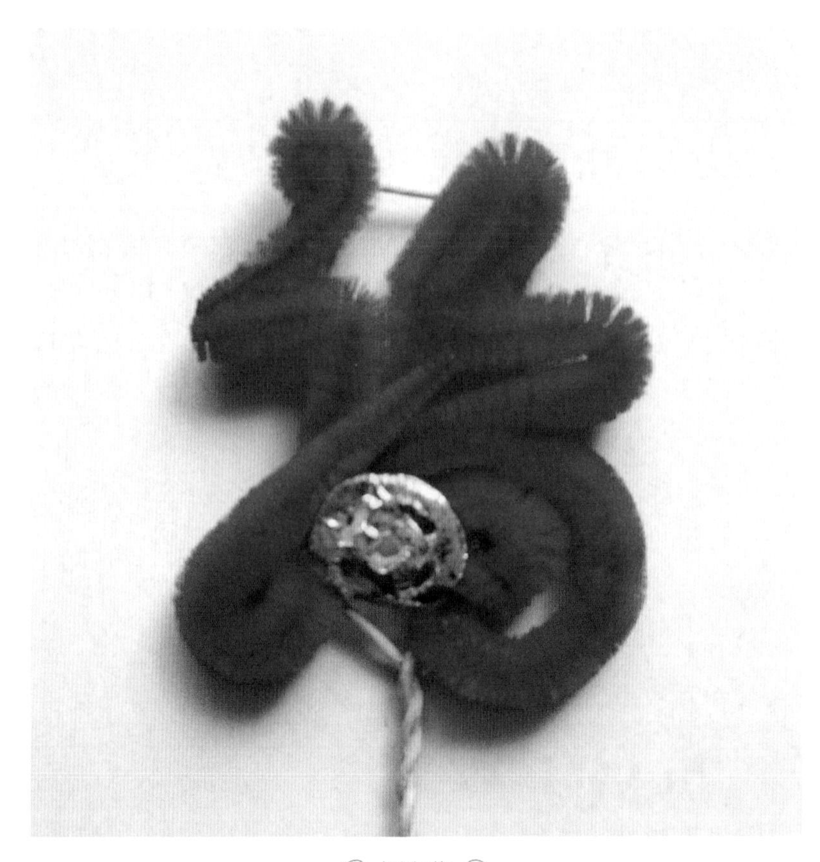

◎ 福字花 ◎

对“福”字的解释是幸福、福气，更有人将“福”字分解，说是“福”字的右边可以分解为，上面的横代表房屋的梁，接着的“口”代表人丁兴旺，再往下的“田”代表土地，总起来可以解读为一个人有房住、有田种、人丁兴旺就是有福。这就是几千年来中国人追求的生活，不求大富大贵，只求平平淡淡。

说到“福”字，首先，不能不说有“天下第一福”之称的康熙御笔，这个“福”字在有意无意之间被人们解读出许多含义。比如在这个康熙御笔的“福”字中，右半部正好是王羲之《兰亭序》中“寿”字的写法，由此成为现存历代墨宝中唯一的将“福”“寿”写在同一个字里的“福”字，堪称“福中有寿，福寿双全”之福。其次，这个福字中暗含“多子、多才（财）、多田、多寿、多福”，成为“五福”合一之“福”。

用绣绒制作这个“福”字，先将“福”字拆分成三个部分，一是“示”部旁，二是改良过的“寿”字，三是改良过的“田”字，然后用镊子通过窝、卷、盘、捏等手法对绒条塑形，绒条的走向一定得按照笔画顺序缠绕，还要考虑到中国书法里的顿笔和提笔，将提笔处刹出尖儿，一个红绒“福”字居然也能找出康熙御笔的味道。

蝠与福：在中国传统文化中，由于“蝠”与“福”谐音，所以蝙蝠也就成了福气、长寿、吉祥、幸福的象征。这种在现实生活中外形丑陋、行动诡秘的蝙蝠形象，被广泛应用于建筑物、装饰品、门窗、家具、瓷器、玉器、书画等载体上，成为吉祥图饰，也使人们对蝙蝠另眼看待。蝙蝠形态各不相同，图饰多种多样，有形象化的蝙蝠，也有抽象化的蝙蝠，有的与图形相结合，有的则与文字相呼应，形成了不同的吉祥寓意。如从盒中飞出5只蝙蝠表示“五福和合”，5只蝙蝠称“五福临

◎ 蝙蝠 ◎

门”，童子捉蝙蝠放到瓶中为“平安五福”，蝙蝠飞到纸上停留是“引福归堂”，红色的蝙蝠可以寓意出“洪福齐天”，等等。

绒制蝙蝠采用红色绣绒，这本身就有洪福的寓意，再加上与“福”谐音，便更加深了“福”的意义。将蝙蝠与寿桃组合在一起，又可以表示“福寿连年”的吉祥祝福。

◎ 福寿连年 ◎

2.“寿”字花

寿文化是中国国学的重要组成部分。所谓“五福寿为先”，健康长寿是人们的美好愿望。经过几千年的发展，寿文化更加完善。我国各族人民形成了丰富多彩的祝寿习俗，如，60岁称为初寿，80岁称为中寿，百岁则称为高寿。又如77岁称为喜寿，88岁称为米寿，99岁称为白寿，白与百不仅音相近，而且二者只差“一”而已，故取“百”之谐音而用白。108岁寿辰称为“茶寿”，茶的字头似“廿”，加上下面的“八十八”，正是108。如此看来，这寿字简直就是汉字的数字游戏。

用红色绣绒制作“寿”字可以有很多样式，比较有特点的是“一笔寿”。这件作品所表现的“寿”，不如清代马德昭草书的“一笔寿”那么复杂，马德昭的“一笔寿”写法很奇巧，是由“九十九”与“廿一”两个数目组合而成，有花甲重周之意。而绒制的“一笔寿”，上下各有

◎ 一笔寿 ◎

一个用窝、卷的手法制作出的“9”，中间部分又盘出蝙蝠的形象，所以这件红绒“一笔寿”中包含了福寿双全之意，而且这个寿字最后一笔拉得比较长，又寓长寿。

3. 寿桃

在绒制品中更多的是用寿桃来表达祝寿。将绣绒按红、深粉、浅粉、白色劈拍子，拴出红色过渡到白色的绒条，红色端剎出尖儿，将这样一根根的绒条攒成桃形，再用绿色绒条窝出叶子作为寿桃的衬托，做成一个鲜亮的寿桃。寿桃可以是单个的成品，也可以两个寿桃合在一起。有的艺人更是别出心裁，将“一笔寿”用细细的绒条做出来，粘到寿桃上，更明确地揭示出作品所蕴含的意义。

◎ 寿桃 ◎

4.“禄”字花

“禄”是做官所得的俸禄，官做得越大，俸禄也就越高。在求功名利禄的时代，获取更高的俸禄是人们普遍的追求，也是天下读书人的梦想。所以人们把禄与福、寿组合在一起表达一种美好愿望，期盼福禄双全，既求有福气，又求做大官。红绒制成的“禄”字花属于比较复杂的，要用几根绒条攒起来，每根绒条都要剎出尖儿，尤其一横两端要剎圆，攒

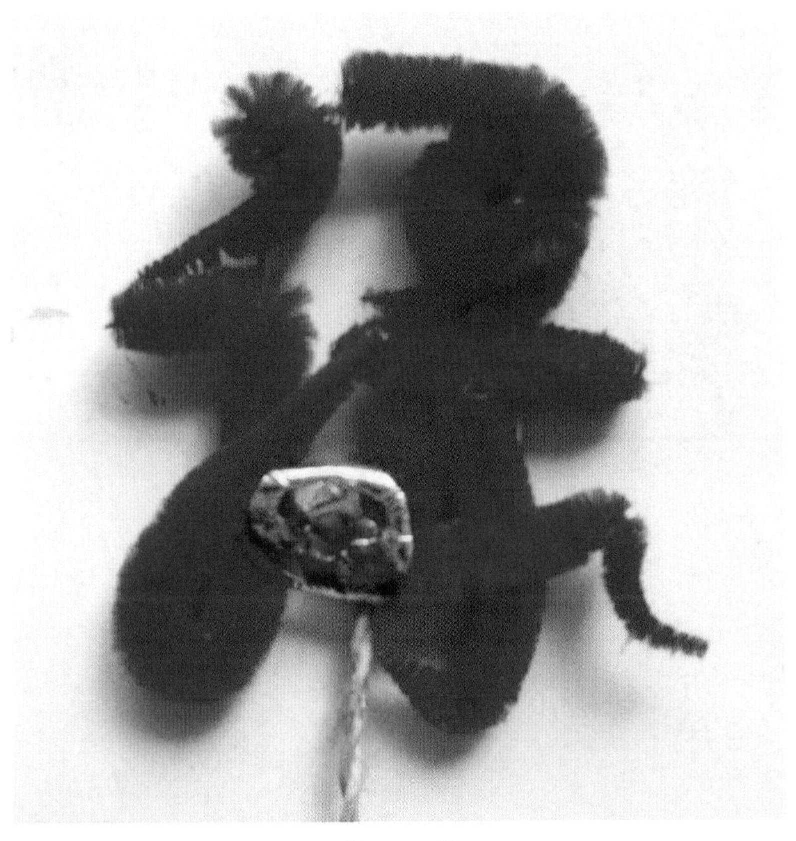

◎ 禄字 ◎

的时候用到的“镊子活儿”技法也比较多，窝、掐、盘、捏都用到了。

（三）喜庆花

喜庆花是人们在出席婚礼等重大活动时佩戴的花。

在中国传统婚俗礼仪中，绒花占有很重要的位置。史料记载，末代皇帝溥仪大婚时，皇后婉容就曾佩戴富贵绒花。如今在北京故宫博物院还存放着“龙凤呈祥”“吉庆有余”等样式的绒花。在民间婚礼中，新娘除了盘头编发髻以金银珠翠装饰外，也要戴上几朵绒花。不同的家境，佩戴的绒花也不同。除了新娘戴红绒花外，往来贺喜的宾客中，所有女眷，无论长幼，头上均簪一朵红绒花，或双喜字花，或百合花、百莲花等。远远望去，一片红艳艳，为婚礼增添了欢乐和喜庆气氛。

◎ 双喜字 ◎

1. 双喜字

这是最普通的红绒双喜，不论笔画是横还是竖，只要将绒条两端刹成圆角即可。关键是“口”的做法，一是要将4个“口”用镊子窝成直角，二是绒条的合口处一定要对正、对紧，不能出豁口。

2. 喜事连连

将6个或9个“喜”字连起来，连为一长串，就有了喜事连连的寓意。还有一种将“喜”字连成半圆形，像发箍一样戴在头上，在喜庆的场合也非常抢眼，喜事多多、连续不断的美好祝福全在这头上了。

◎ 喜事连连 ◎

3. 百合花

百合花象征着爱情的美满与幸福，有百年好合之意，这也是在婚庆典礼中常出现的花卉。用红色绣绒做成红色百合花，或插于鬓间，或别在胸前，作为参加婚庆的佩戴花，为婚庆增添了许多喜庆气氛。

◎ 百合 ◎

4. 百年好合

百合花被看作纯洁、神圣的象征，从而成为很多文人笔下的赞美之花。宋代诗人陆游曾作《咏百合》诗：“芳兰移取遍中林，余地何妨种玉簪。更乞两丛香百合，老翁七十尚童心。”

用两朵百合花做成的百年好合头花是最适合在婚礼上出现的，是祝愿夫妻永远和睦之意。这款百年好合头花除了寓意好，造型也非常漂亮。

◎ 百年好合 ◎

5. 百莲花

莲花有着超凡脱俗的气质，还具有洁身自爱的寓意。所以莲花在诗词、绘画、雕塑、工艺等文化表现形式中经常出现。又因为“莲”与“连”谐音，所以在婚庆时，用佩戴“百莲花”表达“连（莲）生贵子”的美好祝愿。

◎ 百莲花 ◎

6. 喜莲

这也是用莲花制作喜庆花的一个作品，是将莲花、如意、葫芦、喜字集于一枝绒花，多项祝福组合而成的头饰花。

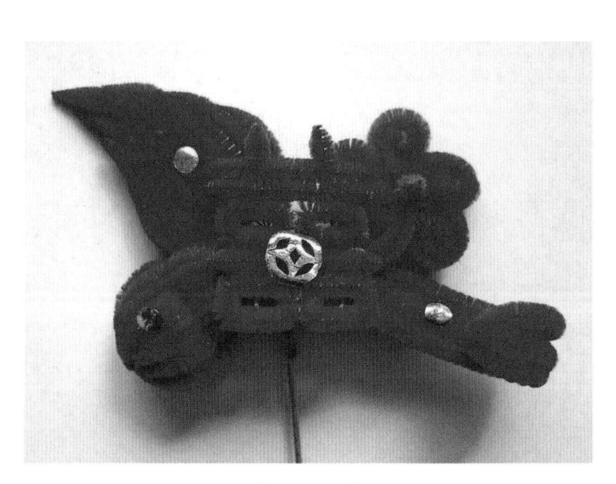

◎ 喜莲 ◎

7. 龙凤呈祥

在中国传统民间习俗中，龙凤均为天神。龙有喜水、好飞、通天、善变、灵异、征瑞、示威的神性。而凤又有喜火、向阳、秉德、兆瑞、尚洁、示美的神性。二者阴阳互补，一个是众兽之君，一个是百鸟之王，一个变幻飞腾而灵异，一个高雅美善而祥瑞。龙凤组合起来的图案，人们喜用四字吉祥语描述其中的寓意，如龙凤呈祥、龙飞凤舞、龙蟠凤逸等，且这些图案被广泛应用于工艺美术作品中。用绣绒制作出的绒龙凤更是在皇家及民间时髦了几百年，尤其在新婚的大喜日子里，人们都习惯用“龙凤呈祥”来表达对新人的祝愿。

由“龙凤呈祥”衍化成的“龙飞凤舞”，也带有喜庆色彩，除在婚

◎ 龙凤呈祥 ◎

礼场合使用外，在年节的喜庆活动中也时常出现，是吉祥如意的象征。

还有一种头饰只有凤，没有龙，被称为偏凤，是戴在发髻边上的头饰。

凤凰一直都是中国文化中鸟的图腾，其纹饰经历代人审美的变化，至明清时期已成为一种特定的造型，不论是在绘画中，还是在工艺美术品中，凤凰的纹样都已显出成熟的装饰特征。人们在实践设计中也总结出一套画凤口诀："凤有三长，眼长、腿长、尾长。"而且还要"首如锦鸡，头如腾云，翅如仙鹤"。在绒制品的制作中，艺人们也同样遵循这些凤凰的制作模式。

◎ 偏凤 ◎

8. 凤冠

凤冠的名称由来已久，宋朝时已成为皇家礼服规制，明朝以后，仿宋代朝廷服饰规制，将凤冠也列入舆服规制。清朝是沿用明朝制度的，凤冠仍为宫廷舆服中的重要组成部分。清朝以后，平民百姓女子出嫁时也有穿戴凤冠霞帔的，只不过这时的凤冠并不是宫廷所戴凤冠，而由更轻便的材料制作，这样，绒制凤冠就成为婚庆中的首选，大红的绣绒制成的凤冠让新娘更显妩媚，为婚礼增添喜庆气氛。电影《骆驼祥子》里“虎妞出嫁”的场景，就生动反映了当时的婚嫁习俗。新娘（虎妞）头上戴的用大绒花组装而成的“凤冠”，形如一顶尖帽子，两边饰以珠穗，下垂及肩，显得高贵喜庆。

因凤冠也就是只在婚礼当天戴一次，所以在花市大街上出现了专门租赁凤冠的店铺，这样家境一般的新娘也能佩戴华贵富丽的凤冠出嫁。

◎ 凤冠 ◎

早期的绒制凤冠使用大红绣绒制作，为了增添色彩，后来的艺人也用黄、粉、绿等鲜艳的颜色劈成绒条制作，制作出的凤冠形式多样，不论哪种造型，中间的凤是必不可少的。在宫廷舆服规制中，对凤冠上龙、凤以及花的数量都有严格的规定，而民间绒制凤冠的制作则没有规制的约束，根据艺人对美和民俗寓意的理解确定用花的品种和数量。

第二节

节令习俗里的绒花

北方有句老话："糖瓜祭灶，新年来到，姑娘要花，小子要炮，老头儿要顶新毡帽。"多少年来，从旧历腊月二十三到大年初一，正是五行八作买卖兴隆、财源茂盛的时候，手艺人最忙活。

就拿北京的绒花来说吧，早年间，每逢到了新春佳节或节令时，绒花可是热门货，大姑娘、小媳妇、老太太，甚至男人们都愿意买朵绒花戴戴。所以，四时节令绒花艺人们都有的忙，立春戴绒春幡，清明戴绒柳芽花，端阳日戴绒五毒葫芦，中秋戴绒菊花，重阳节戴绒茱萸，冬至戴葫芦绒花，到了春节，各种具有吉祥寓意的绒花更是京城妇女们必须戴的。

一、庙会上的绒制品

（一）新春庙会上的绒制品

以前，每到过年前，制作绒花的艺人们就要忙活起来了，他们要给北京的各个庙会赶制"年活"。这些绒花都有着吉祥美好的寓意，如用百合花、莲花、柿子、"喜"字做成的绒花，叫作"百世连喜"，象征好日子连绵不断；万年红加上玉如意，就是"万年如意"；莲花和鱼即"连年有鱼"；大红蝠则取"遍地是福"之意，为的是讨个吉祥。

早年间，北京春节期间的庙会很多，正月从初一开始，庙会一个接一个，在北京民间流传着"初一东岳庙，十五逛花灯。燕九白云观，三十雍和宫"的顺口溜，这里面没列出来的还有初二五显财神庙、初三土地庙等。不论是哪个庙会上，都会出现卖绒花的摊儿，吸引许多妇女前去购买，有石榴形的、蝙蝠形的，还有"连年有余""金玉满堂""福在眼前""福禄如意"等带着吉祥寓意的绒花，为春节增添了喜庆气氛。有人作诗道：

厂甸多红火！绒花最鲜艳，灿烂似朝霞，夕阳美无限。
大红绒条编，花样百万千，绒花即荣华，向往寄其间。
聚宝盆最盛，囍字皆喜欢，石榴桃佛手，福寿如意称三仙。
蝙蝠遍地福，莲鱼余连年，成年红如意，如意红万年。
小丫戴鬘鬏，少妇别鬓边，老妪插髻纂，男士上帽檐。
小吃已尝遍，玩具尽挑选，绒花不能落，带（戴）福回家转。

绒花在春节期间最受欢迎的是各种聚宝盆，有万象聚宝盆、三仙聚宝盆、玉兔聚宝盆、金马驹聚宝盆、百世聚宝盆、肥猪拱门聚宝盆等。这些聚宝盆在正月初二卖得最好，因为在北京民俗文化中，初二是个求财的日子，很多人都要到财神庙上香求财，希望在新的一年里有富足的生活。如果前一年已求到财神保佑，生活尚可的人，也在这天到庙里还愿。久之，财神庙便成为春节庙会之一。虽然财神庙在北京城里有许多，但位于广安门外六里桥西南的五显财神庙最为热闹，据说庙里供奉的是被明英宗敕封为“五显元帅”的明代都天威猛大元帅曹显聪、横天都部大元帅刘显明、丹天降魔大元帅李显德、飞天风火大元帅葛显真、通天金目大元帅张显正。因他们生前虽拥有钱财，但侠肝义胆，扶弱抑强，乐善好施，仗义疏财，所以被民间誉为“五显财神”，庙也就被称为“五显财神庙”了。来这里的人都要争着“烧头香”，所以初二早上等待出广安门的人，“天未明，即有候城者”。在通往财神庙庙会的路上，人潮涌动，商贩云集。庙的四周除香摊儿以外，小贩们叫卖的多是用锡箔制成的金元宝、聚宝盆、“福”字的绒花和象征吉庆有余的红纸片鱼。另外，还有风车、大糖葫芦、空竹、气球等玩物。《老北京旅行指南·五显财神庙》中记载：“更有以纸印成鱼形，鱼上印年年有余或吉庆有余之金字，或制蝙蝠状之红绒花，并缀带福还家之吉祥语，香客多购数种插于帽边。”[2]

在五显财神庙会的返程路上，不论男女老少，都会买些蝙蝠和“福”字的绒花，女士头上、胸前戴着绒花，男士则把绒花插满了帽子，胸前也会插上大朵的绒花，说是“带福还家”。

◎ 带福还家，吉庆有余 ◎

（二）妙峰山庙会的带福还家

“带福还家”是与民间朝山进香、消灾祈福活动连在一起的一句吉祥话。在各个庙会上都有这样的招牌，但妙峰山庙会上的“带福还家”最有名，可能是这里的娘娘庙的缘故吧。

妙峰山庙会每年农历四月初一至十五举办，是北京地区最富代表性，也是规模最大的民间庙会，以山上的碧霞元君庙为主，“自始迄终，继昼以夜，人无停趾，香无断烟，奇观哉”[3]！供奉在庙里的碧霞元君原来是一位女神，据传她是泰山东岳大帝之女。宋真宗朝泰山时，封其为“天仙玉女碧霞元君”，民间俗称泰山娘娘。都说碧霞元君神通广大，护国佑民，尤其保佑香客多子多福，因此碧霞元君成为民间认可的子孙娘娘，是人们格外崇拜的女神。

北京城曾有东、西、南、北、中碧霞元君娘娘庙，也曾香火旺盛，但都不抵京西金顶妙峰山的碧霞元君庙。庙会期间，香客们沿香道蜿蜒而上，虔诚地“朝金顶”。进香完毕，出庙门后，香客们纷纷买根削好的桃树杈子做拐杖，再买些蝙蝠形或“福”字的绒花，戴在头上或胸前。在山上卖绒花的人，不说“买花吗”，而说“买福吗”。胸前戴的绒花下面还系一条红绸条，上书“朝山进香，带福还家”。香客们上山时见面要互相道一声“您虔诚”，下山时，香客们则互道“带福还家”。

带福还家，表达了人们对美好生活的祝愿，所戴的“福”实际上被认为是一种吉祥物，是一种信仰的祈盼。

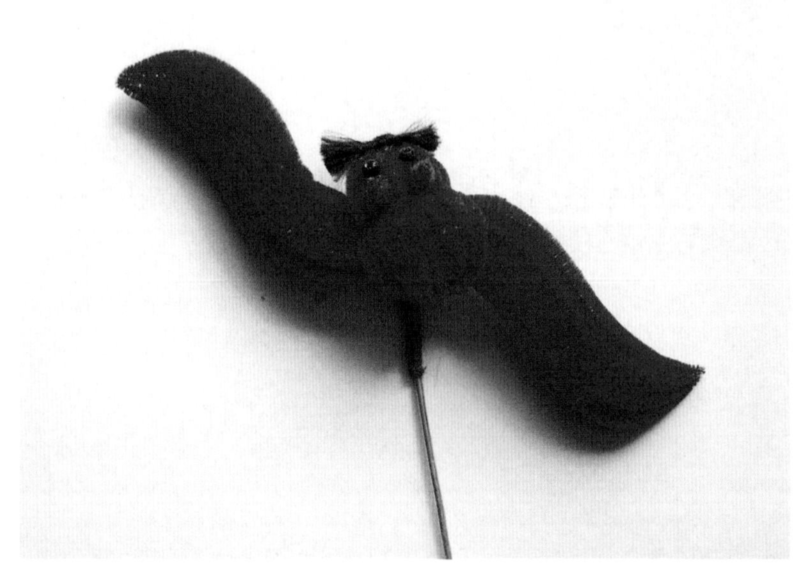

◎ 带福还家 ◎

二、节令习俗中的绒制品

节令，节气时令，指某个节气的气候和物候。二十四节气是古人结合气候、物候的变化，确立的节气日期。具有一定气候特点的时段名称，称作节令。这当中既有位列二十四节气中的立春、清明，也有与时令相关的端午、中秋、重阳等节日，在这些日子里，绒花又以适应节气的形式出现。

（一）立春

立春位于二十四节气之首。

立，即春气始而建，万物开始出现复苏迹象，民谚说“春打六九头”，又说“五九六九，沿河看柳”，这就是说到了立春节气，气候逐渐变暖，春色悄悄来临。在民间习惯称立春为“打春”，要举行一系列迎春民俗活动。除了民间要在这一天自发地举办一些活动外，官方的礼俗中也在立春节气举办隆重的仪式性的活动，清代每年的立春活动由礼部会同顺天府负责。礼俗分为迎春、进春和鞭春三个部分。迎春礼在东直门外的春场举行，《燕京岁时记》有“立春先一日，顺天府官员至东直门外一里春场迎春”[4]的记载。立春当日举办进春礼，这个仪式比较正式，有进春的队伍簇拥着春山宝座和芒神、土牛从礼部出发，文武官员依次由东长安门至午门外等候，所有参加礼仪的官员都要穿上朝服，大兴县和宛平县的地方官也要参加进春，同样也在午门外等候。待到立春时刻到的时候，顺天府尹于门外跪进春表章，将春山宝座和芒神、土牛抬进午门，恭进在皇帝、皇后面前。之后回顺天府官署内“鞭春”，即“打春”。《燕京岁时记》中有：“立春日，礼部呈进春山宝座，顺天府呈进春牛图，礼毕回署，引春牛而击之，曰打春。”[5]在整个迎春活动中，不得不提的是那位“芒神”，他名叫句芒，被人们称为春神，他是与牛分不开的，就像放牛的人。他的站位很有讲究，如果立春节气是在春节前，芒神就站在牛的前面，如果立春节气是在春节后，那芒神就得站到牛的后边。据说芒神的服饰每年都有变化，可以把他看成是个爱打扮的神灵。神灵爱打扮，参加迎春活动的人的服饰也要讲究一些。比如，清代时，去春场参加迎春活动的官员一定要穿朝服或吉服，也就是要穿戴整齐，而重要的是每位参加活动的官员都要在胸前佩戴春花。

民间在立春节气到来时，犹如过节一样，除了重视吃食以外，也要在服饰上认真地装扮一下，其中妇女佩戴头饰就是最重要的一项，有春幡、春蝶、春蛾、春燕、春花等。这一立春佩戴头饰的习俗在汉代就已出现。《炙毂子录》载：“汉之迎春髻，立春日戴。”[6]宋代词人辛弃疾曾作一首《汉宫春·立春日》，其中有一句“春已归来，看美人头上，袅袅春幡”。直到清代，这种习俗还十分流行，妇女们在头上戴绒制的春幡、春燕、春蝶之类，而小孩子们的佩饰一般为春鸡或春娃。这些立春饰物不仅精巧可爱，具有美感，而且寓意深长，凝结着良好的愿望。头上插燕子是借了“燕子衔来春天”的意境，燕子是人们心目中具有报春功能的飞鸟。佩戴春鸡借了“吉利”之意。人们戴着这些头饰参加迎春活动，以独特的形式传达了春天就要来了的信息，而且富有美感。

因立春在春节前后，所以在立春时节绒花的种类比较多，也有做成簪子样的幡旗。民国以后，由宫廷举办的迎春活动也随之停止，但民间仍在立春时节以各种方式迎接春天的到来。

◎ 春蝶、春花 ◎

（二）端午

端午节又称端阳节，“端”是开始的意思，每月有三个五日，这头一个五日就是端五。在我国农历中，正月为寅月，按地支“子丑寅卯辰巳午未申酉戌亥”顺序推算，第五个月正是“午月”，古人又常把“五日”写成“午日”，所以“端五”可以写成“端午”。而古人又把“午时”当作“阳辰”，于是端午又称为“端阳”。“端午节”的称谓还有很多。因为是在五月，故称“五月节”；因为是夏季的节日，而称“夏节”；因为要“辟邪驱瘟”，又称“浴兰节”“艾节”“蒲节”；因这天女儿要回娘家“归宁”，又叫“女儿节”。

端午时节，正值夏至节气，又是个时疫流行的季节。随着每年农历四月末从老北京的大街小巷里传出的“蒲子艾来！”“葫芦花来！”“供佛的哎桑葚来，大樱桃来！”“江米小枣儿的凉凉儿的大粽子来！”“哎，买神符！”的吆喝声，老北京人的端午节就开始了。农历五月初一，人们便将买来的“神符”“判儿”贴在大门上。“判儿”指的是钟馗，他手持宝剑目视空中的蝙蝠，上面印着“驱邪镇宅”四字。门两侧挂着菖蒲和艾叶，因为这两种植物都有杀虫作用，所以用来避毒，下面还要贴上一张口儿向下的剪纸葫芦。院内各屋门窗户上贴红色剪纸的老虎、五毒等，屋内墙角都遍洒雄黄酒，古书上说这样可以“宜夏避恶”。

北京绒制品也是依据长期形成的北京民间在端午期间的民俗思维活动，创制出适应这个节气人们需求的绒制品造型，得到了民众的认可，从而流行起来。比如，北京人喜欢葫芦，一方面因为葫芦是“福禄”的谐音，另一方面葫芦还是药王常带在身边的用于治病救人的东西。有这样一个传说，有一年夏天快来的时候，瘟灾四起，毒虫肆虐，家家有病人，村村起新坟。正巧药王孙思邈云游到这里，看到这一带百姓处于灾难之中，他便摘下背上的药葫芦，把地上横行的毒蛇、蜈蚣、毒蜘蛛、蝎子、癞蛤蟆尽收到葫芦里，又撒药于人间，药到病除，消除了瘟灾。药王又告诉大家，在门前挂上一个葫芦，从此就不会有这样的灾难了。但因为葫芦一时难以找到，有手巧的妇女就剪

◎ 五毒葫芦 ◎

出一个葫芦，上面还剪出毒蛇、蜈蚣、毒蜘蛛、蝎子、癞蛤蟆，仿佛这5个毒虫被困在了葫芦里。这个纹样也就流传开来了。

在明代，端午节又被称作“女儿节”，端午这天，少女要佩戴灵符，头上插石榴花，出嫁的女儿则由娘家接回归宁，称为“躲端午”。明代沈榜在《宛署杂记》中载：“宛俗自五月初一至五日，饰小闺女，尽态极妍。出嫁女亦各归宁，因呼女儿节。端午日，集五色线为索，系小儿颈。男子戴艾叶，妇女画蜈蚣、蛇、蝎虎、蟾为五毒符，插钗头。”[7]清代以后，仍然沿袭明代习俗，只不过妇女们开始将绒制五毒葫芦、石榴花、蝙蝠、如意等戴于发间，比画出的符更漂亮。做葫芦上五毒用的绒条要刹得很细，用它盘出毒蛇、蜈蚣、毒蜘蛛、蝎子、癞蛤蟆。因为这种葫芦的小巧，在端午节时很有市场。

清末民初，北京流行着一首岔曲《端阳节》，其中唱道：“五月端阳街前卖神符，女儿节令把雄黄酒沽，樱桃桑葚，粽子五毒，一朵朵似火榴花开瑞树，一枝枝艾叶草蒲悬门户，孩子们头上写个王老虎，姑娘们鬓边斜簪五色绫蝠。”这岔曲里说的“绫蝠”实际就是绣绒做成的绒蝠，即绒蝙蝠。除单独的绒蝠外，还有以石榴花、葫芦、蝙蝠组合在一起的绒花，既有多福、多子的吉祥寓意，又有消灾辟邪的祈盼。曾

◎ 端午石榴花 ◎

经，头戴红绒花赶着回娘家的女子们，领着孩子，女孩手臂上系着彩色丝线，头上或胸前戴着红绒花，男孩则在颈上挂一个绒制“五毒葫芦”或绣绒做的小老虎头，成了老北京一景。这时的小老虎被叫作艾虎，是端午节驱邪辟祟之物，所以艺人们将其做成了装饰品。我国古代把虎视为神兽，是百兽之王，能吃掉所有鬼魅，觉得它可以镇祟辟邪，保佑安宁。尤其在端午节，民间多取小虎给小孩子佩戴于发际或身畔，为辟邪之用，有诗云：“钗头艾虎辟群邪，晓驾祥云七宝车。”这种习俗已经有千年以上的历史。过去老北京民间有个习俗，端午节当天，妇女要佩戴红绒花，到正午时分把红绒花摘掉，扔在路边，寓意去除身上的晦气，祈求来年平平安安。

（三）中秋

农历八月十五是我国民间传统的中秋佳节。中秋之夜，美好的月色下，家人团聚在一起，一边品尝着月饼，一边赏月，共享天伦之乐。

据传，中秋节已有两千多年的历史了。我国古代帝王有春天祭日、秋天祭月的礼制，《礼记》中记载：“天子春朝日，秋夕月。”这里的“夕月”是拜月之意。《周礼》中也有“中春，昼击土鼓，吹豳诗，以逆暑；中秋，夜迎寒，亦如之”的记载，这是“中秋”之说的最早记载。到北宋太宗年间，便定八月十五为中秋节。唐宋时期，登台观月、泛舟赏月、饮酒咏月等颇为盛行，形成了中秋祭月、拜月、赏月、吃月饼的传统风俗活动。

老北京人过中秋节也是相当讲究的。“每届中秋，府第朱门皆以月饼果品相馈赠。至十五月圆时，陈瓜果于庭以供月，并祀以毛豆、鸡冠花。是时也，皓月当空，彩去初散，传杯洗盏，儿女喧哗，真所谓佳节也。”这是《燕京岁时记》中的一段记载。所谓“供月”也叫“祭月”“祀月”“圆月”，是老北京中秋节中的重要活动。供月之前全家人要在一起吃团圆饭，待到月亮渐渐升起时，就可以供月了。供月时，全家成员要齐，以取团圆之意。但家里的男子是不叩拜的，因人们认为月亮属阴，男子不宜拜，所以京城有“男不拜月，女不祭灶”的谚语。

农历八月，正是各种鲜果大量上市之时，据《京都风俗志》载：

中秋节“前三、五日，通衢大市，搭盖芦棚，内设高案盒筐，满置鲜品、瓜蔬……”，当时花儿市的水果摊非常热闹，前门外和德胜门还有夜市，人山人海，通宵达旦。除了水果，还有卖“兔儿爷”的，这是中秋节为儿童准备的一种游戏玩具。《帝京岁时纪胜》这样描写道：“京师以黄沙土作白兔，饰以五彩妆颜，千厅百关，集聚天街月下，市而易之。”旧时，农历八月初开始，花市集的街两旁会摆满售卖兔儿爷的摊子，还有兔儿爷与兔儿奶成双配对，十分有趣，烘托着节日气氛。民间以兔儿爷为内容的歇后语也有不少，如“兔儿爷掏耳朵——搋（崴）泥”“兔儿爷打架——散摊子”等。可见兔儿爷在老北京民间有着极深的影响。

绒制品在八月十五时，也凑着热闹制作与兔子相关的制品，也做绒花。

◎ 兔子 ◎

（四）重阳

农历九月初九是我国传统的节日重阳节，“九”在我国传统文化中被认为是最大的阳数，两九相重又称为“重九”，而两个最大的阳数重叠，便称作“重阳”，民间常称为“九九重阳节”。又因为“九九”与“久久”谐音，所以这个节日是个特别值得庆贺的吉利日子。

如同端午为避五毒需要插艾、佩戴饰物一样，九月重阳也有驱疫方法，以求逢凶化吉，插茱萸便是其中一种。唐代诗人王维在《九月九日忆山东兄弟》一诗中写道：“独在异乡为异客，每逢佳节倍思亲。遥知兄弟登高处，遍插茱萸少一人。”不仅抒发了重阳节思念故乡亲人的心情，也记述了当时重阳登高、插茱萸的习俗。

茱萸又名“越椒”“艾子”，它香味浓郁，可驱虫、除湿，是一味

◎ 茱萸 ◎

常用的中草药。民间传说将茱萸悬于屋内，鬼畏不入，人们将其视为可辟邪的灵物。绒制品中每到重阳制作茱萸花枝也是一直延续的品种。

另一种与茱萸有同样辟邪作用的植物是菊花。菊花在百花凋零的重阳盛开，以其万千仪态使人倾慕，更以其凌霜不凋、傲然挺立的刚强气质令人折服，因此赏菊、咏菊成了重阳节的主要活动之一。毛主席写过一首著名的《采桑子·重阳》："人生易老天难老，岁岁重阳，今又重阳，战地黄花分外香。"充满豪气，催人奋进。

不论是茱萸还是菊花，北京绒鸟厂的技术人员都将其做成了花枝，这种花枝的形式借鉴了北京绢花的表现形式，也是北京绒花的创新品种。

三、白事中的绒花

绒花的用途很多，除了喜庆节日簪花以外，办丧事、过节祭祀也离不开它。

传统白事中都要穿丧服，也叫孝服。每个家族成员根据与死者的血缘关系，按社会公认的形式来穿孝、戴孝，这被称为"遵礼成服"。汉族的孝服按辈分及与死者关系的远近分为斩缞、齐缞、大功、小功、缌麻五等，俗称"五服"。在北京地区，男人头上要戴口袋底式的白布孝帽子，上边缀有绒球，长子钉一个，次子钉两个，余者类推。如果是孙子辈的，帽子上钉红绒球，孙媳妇戴三花包头，插一个小红福字。未出嫁的孙女用长孝带子在头上围一个宽箍，带子垂在后背，垂下的带子头上也插一个小红福字。孙子、孙女在孝袍的肩上插一个小蝙蝠，叫"钉红儿"。妇女用"包头"，有"麻花包头"和"搭头布"，是用白布拧成麻花，近似蒜辫，捻成圈，呈桃形花圈状。如果是梳发髻的妇女，都要用白纂或白头绳。妻子为丈夫穿孝，麻花包头上还有5个白绒球，如果是姨太太，包头上有3个白绒球，儿媳妇、女儿等也有3个绒球，中间的是红色，两边的用白色。明代姚旅《露书》记载："京师其功以下孝，帽顶心皆缀绒一朵，曰'花花孝'。莫知所自，而流俗可笑。"[8]

随着殡葬习俗的改变，用于丧事的绒花种类更多，有花圈，蓝、白灵花等。1976年周恩来总理去世，北京绒鸟厂就曾负责制作绒制花圈等。

除了丧事中用到绒花，旧时多数人过节时要接神祭祖，常在祖先的牌位前摆成堂的蜜供，每堂5碗，碗上要簪5朵假花，这些假花有纸、绢、绒等品种，选择何种，视自己的地位和经济状况而定。达官贵人家常年供“家常佛”和“神主”牌位，讲究用绒质或绢质的，工艺极其精细。

注　释

[1] 金易、沈义羚著：《宫女谈往录》（上），紫禁城出版社，2004年，第73页。

[2] 马芷庠著：《老北京旅行指南·五显财神庙》，吉林出版集团有限责任公司，2008年，第194页。

[3] [清] 富察敦崇著：《燕京岁时记》，北京古籍出版社，1981年，第62页。

[4] [清] 富察敦崇著：《燕京岁时记》，北京古籍出版社，1981年，第47页。

[5] [清] 富察敦崇著：《燕京岁时记》，北京古籍出版社，1981年，第47页。

[6] [唐] 王睿撰：《炙毂子录》（线装本），清顺治间刻本1册（25），说部第二十三。

[7] [明] 沈榜著：《宛署杂记》，北京古籍出版社，1980年，第191页。

[8] [明] 姚旅撰：《露书》，福建人民出版社，2008年，第185页。

第五章 北京绒花、绒鸟的非遗保护研究

曾经，北京绒花以其喜庆的色彩和吉祥的寓意，成为宫廷以及北京民间的奢侈品和时尚用品，很长一段时间都占据着北京装饰品市场，正如绒花的颜色一样，红红火火。然而，时尚是具有时代性的，随着新的时尚饰品的出现，人们的需求也随之改变，这让绒制品的发展面临很大的困境。尤其是北京工艺美术全行业改制以后，在市场上基本见不到北京绒制品了。幸好，还有一些北京绒鸟厂的老职工，如李桂英、高振兴、张燕霞等还在坚守，并带徒传承。又有了如蔡志伟、梁限成等新一代的绒制品传承人，使北京绒花、绒鸟在北京民间艺术的品类中仍占有一席之地。通过他们的努力，又让更多的年轻人知道了绒花、绒鸟。以原北京绒鸟厂厂长刘存来为领头人的一些老职工也在为北京绒制品的保护献计献策，筹建北京绒制品展示基地，让原来北京绒鸟厂的保留作品展现在世人面前。有这样一些对北京绒制品充满热爱的人的不懈努力，相信北京绒花、绒鸟一定能够传承下去。

一、深入探究北京绒花、绒鸟的文化特征

作为传统手工艺品之一的北京绒制品有着极强的地域性特色，在长期以来的生产实践中，形成了独特的颜色配置、制作技艺、造型品类和文化内涵。

北京绒制品以头饰绒花、摆件鸟兽、盆景插屏、仿古建筑为发展脉络，从简单、小件发展到繁复、大件，制作技艺越来越精湛，作品更具画面感，文化内涵由传统的福、禄、寿、喜等朴素的民俗寓意发展为具有更宽泛的文化内涵。北京绒花曾被称为“宫花”，这一称谓也确定了其特定的地域属性。又如用大型图案化绒制品表现出“仙鹤牡丹图”“孔雀开屏”“群猴闹山”“狮子滚绣球”“猫扑蝶”“猴子捧桃”“蝈蝈白菜”等，这些作品的题材多出现在宫廷绘画或宫廷工艺制品中，而宫廷题材是北京地区大多数手工艺品最常用的表现内容。故而，北京绒制品最初的宫廷特点也决定了它必须在颜色选用上沉稳不张扬，制作工艺上精致细腻，制品内涵上突出吉祥。

◎ 凤凰 ◎

总结绒制品的发展历史，不难看出传统手工艺品之所以能够长久生存，其主要原因便是它符合同时代人的审美观，符合同时代人对于装饰品的需求，符合同时代人的文化心理需求，这是传统手工艺的发展规律。所以作为进入非物质文化遗产名录的北京绒鸟（绒花），依然要遵循这一规律，认真研究当代人对装饰品的审美观念，研究传统作品中所蕴含的文化与当今时代的有机契合点，将人们的美好追求融入其中，使作品中包含多元的文化元素，给每件作品都赋予一个美好的故事或吉祥寓意。

基于这些，现在的北京绒鸟（绒花）传承人蔡志伟也在积极研发这类符合当代人审美的作品，除恢复了具有祈福、辟邪、吉祥寓意的产品外，还积极寻找合作方，为绒制品探求一条发展之路。2012年，在第六十五届戛纳电影节上，中国女演员姚星彤穿着绒花礼服走在红地毯上，绒花服饰的柔软飘逸，将中国服饰的文化内涵展示在世界面前，这件礼服就是由蔡志伟参与创制的。通过这一实践，坚定了传承人将北京绒鸟（绒花）技艺弘扬传承下去的决心。在故宫博物院现存的物品中，还有不少绒花头饰，依据这些，蔡志伟创制出了符合当代人审美的绒花饰品，有了一定的市场接受度。

蔡志伟的作品《蝶恋花》，将中国传统意象文化用绒花表现出来，花朵娇柔、色泽鲜艳，蝴蝶灵动自如。精湛的绒花工艺与团扇融合，使得作品兼具实用性与装饰性，团扇变得立体，绒花也脱离了单纯的发饰，成为别具一格的空间装饰品。

◎ 蝶恋花（蔡志伟制作）◎

二、传统技艺与文化创意相结合

文化创意是以文化为元素，融合多元文化，整理相关学科，利用不同载体而构建的再造与创新的文化现象。

随着人们对传统节日的重视，北京绒鸟（绒花）也在恢复开发具有传统民俗寓意的绒制品，如聚宝盆、五毒葫芦、福寿绒花等。如今妇女在头上戴花已经不时兴了，但可以开发挂饰或其他佩戴方式，为传统节日增添具有传统文化内涵的装饰品。

然而，文创产品的开发，不是一两个传承人能够完成的，必须要有一个开发团队。一件文创产品从研制到进入市场是一个系统工程，从市场调研到开发意向，从产品构思到图纸设计，从样品制作到批量生产，从市场营销到销售反馈，每个环节都不是单打独斗能够完成的。传承人只是一种技艺的承载体，并非全才，而且将精力投入到创新设计中之后，其他都不可能去亲力亲为，一个值得依托的开发团队是弘扬、拯救北京绒花、绒鸟的坚实支撑。

即便文创道路艰难，作为非物质文化遗产传承人的蔡志伟也在绒制品的开发中尽着自己的努力。近两年，蔡志伟与京柔宫坊（北京）文化发展有限公司达成合作协议，共同研发北京绒花、绒鸟文创产品，并总结出一套作品创制的新想法。他说："我们在作品创制方面讲求'活''轻''巧''灵'。所谓'活'，指的是'活灵活现'，表现动物、植物，栩栩如生，神态逼真。所谓'轻'，指的是绒制品的形态本身不厚重，要发挥轻盈的优势，营造一种活泼、轻盈的姿态。所谓'巧'，指的是绒制品的零件、绒条与其他构件的搭配，要做工精巧，不容一丝马虎，剁的每个尖儿都要恰到好处。所谓'灵'，指的是大件绒花、绒鸟作品要注重意境，赋予绒制品整体氛围感，与作品要呈现的文化寓意相匹配。"

手工艺品承载着一个民族几百年甚至几千年的文化积淀，是一个地方的生活习惯、民俗民风的缩影。在蔡志伟与京柔宫坊（北京）文化发展有限公司合作后，由专业的设计师设计，蔡志伟制作，一些与新时代相契合的作品不断面世，以其实用性和艺术性相结合的形式，将非物质文化遗产项目融入人们的生活，使文化得以活态地延续。

蔡志伟与设计师合作创制的绒花项圈《凤舞九天》是一件时尚的作品，可以应用于走秀、晚宴等场合，富有现代和传统融合的气息，扩大了绒花的表现范围。作品用凤尾象征凤凰，用小朵如意祥云簇拥其侧，颜色以植物染与矿物染结合，蚕丝光泽如同朝霞，如火般热情，象征着升腾、太平、希望。它既体现了绒花谐音“荣华”的寓意，又以凤凰的抽象表达，以其勇敢绚丽的形象，展现人们期盼美好未来的愿望。

◎ 凤舞九天（蔡志伟制作）◎

作品《安居图》以绒花制作出活灵活现的小鹌鹑，寓意“安宁”“安居乐业”，以真丝的质感还原鸟类的神态，活灵活现，憨态可掬。鹌鹑旁边的长寿菊欣欣向荣，一派祥和。这幅作品以绒制品实现了花与鸟的高度仿真，近看丝光闪耀，寓意美好，展现了绒花挂画的立体优势。

◎ 安居图（蔡志伟制作）◎

在开发新的创意作品的同时，他们还注意保留北京绒制品中绒兽的趣味性。《猫扑螳螂》作品中，一只黄色猫咪双爪扑地，弓背俯冲，毛嘟嘟的尾巴立起，正准备扑一只螳螂；螳螂张牙舞爪，虚张声势。这样一件仿真作品，竟然全部是用真丝绒条制作而成。这件作品是蔡志伟用北京绒花、绒鸟工艺实现的一个创新。猫是绒花大件，螳螂是绒花小件，用真丝实现毛绒动物的质感，并用攒花工艺控制绒猫的颜色分布，以高难度的工艺提升了绒花的表现力。

◎ 猫扑螳螂（蔡志伟制作）◎

三、重视技艺体验与教育传承

自我国启动非物质文化遗产保护工程以后，国家越来越重视传统文化的传承与发展，并将其纳入国家发展的总体规划之中。将优秀传统文化贯穿国民教育的始终，推进传统文化进校园，完善非物质文化遗产保护制度等具体实施计划对北京绒鸟（绒花）项目的保护与传承具有强大的推动作用。

几年来，北京绒鸟（绒花）在中小学校开办课程，在社区街道、文化场所等举办讲座，并利用庙会、非物质文化遗产宣传日等活动现场演示绒花、绒鸟的制作，吸引了众多观众。

原北京绒鸟厂厂长刘存来联系了原厂老职工，计划投资开设北京绒制品展示基地。这个基地以宣传、展示、传承北京绒花、绒鸟艺术为宗旨，展示原北京绒鸟厂的经典作品。原北京绒鸟厂改制以后，很多绒制品被封存在仓库，北京绢人的传承人滑树林将其收购了一部分，刘存来等原绒鸟厂老职工收存了一部分，他们一起协商后取得一致意见，要让这些长年封存的绒制品重见天日，让老北京的老玩意儿展现在更多的人面前。这个基地还可以接受绒制品的爱好者来体验，亲手制作一件自己喜欢的作品。现在这个计划还在筹备中。

非物质文化遗产的保护与传承是一门新的学科，怎样才能达到最好的传承保护效果，不论是这方面的专家，还是项目传承人都还在不断地探索，不断地实践。北京绒鸟（绒花）目前可以说是找到了一条比较顺畅的传承之路，随着宣传力度的增大，期盼北京绒制品能够再度成为北京的时尚品类，成为北京的“奢侈品”。

附录 APPENDIXES

附录一　关于绒制品的传说

在李苍彦和于志海编的《北京手工艺的传说》一书中，有一篇“花开四季”，讲述了北京绒绢花形成的故事，全文摘录如下：

人们把北京著名的民间手工艺品绒绢花称为“京花”，还有个传说故事咧。

很早以前，在如今的北京城的东南角外，住着一个老头儿，从小他就喜爱养花。他养的花，花朵妖艳欲滴，叶片青翠碧绿，要多好看有多好看。这个老头儿白天拾掇花，晚上伴着花眠，阴雨天时怕水淹了花，晴天时又怕日毒晒坏了花，真是爱花如命。

花开花落，本是四季寻常事，可是老头儿就爱花开，最愁花落。乡邻们见了他，都叫他“花老头儿”，久而久之，连他姓什么叫什么有些人反倒弄不清楚了。

花老头儿身边只有一个孙子叫巧哥，爷孙俩相依为命。巧哥见爷爷把心血都用在了养花上，也就跟在爷爷身边学养花，育苗、剪枝、施肥、浇水，样样都干得不错。

日复一日，年复一年，巧哥长成个大小伙子了。这年，也不知怎么回事儿，花老头儿栽的花，叶子蔫了，花苞没张开就掉了。他心里可着急啦。巧哥看着爷爷茶不思，饭不想，整天愁眉不展的，人也一天天瘦下去，他也犯开了愁，心想：要是有个法子，让花儿常开不谢就好了。

巧哥想啊想啊，还真想出了一个主意。他每天天不亮，就一头扎进花圃里，成天蹲在花丛中，拾掇花，鼓捣叶。花老头儿只顾忙自己的，对巧哥也没留意。

巧哥手里举着一朵鲜艳艳的花，在花丛里比比画画，还有点儿悠然自得的劲儿。花老头儿正在一边给花浇水，猛抬头看见巧哥掐了那么大一朵水灵灵的花，心里那个气呀，噌噌两步过去，对着巧哥就是一巴掌。巧哥没提防，给打了个趔趄，差点儿摔倒。

花老头儿气恼地嚷着："好哇！我当你成天扎在花圃里干活儿，谁知是存心毁我的花，要我的命哪！"巧哥委屈地辩解道："爷爷，您眼睛花了，您仔细瞧瞧，这是我用绒绢做的假花。爷爷，我想让花一年四季常开放。"

花老头儿一听，真后悔，急忙拾起被打落在地上的假花，仔细端详，心里别提多高兴啦。这花做得可鲜活啦，三两尺开外，简直就分不出是假是真。于是就让巧哥用绒绢丝绸，模仿着真花做假花。巧哥的手艺越练越精，轰动了街坊四邻。

自此，北京有了绒绢花。

说不准过了多少时间，反正那时北京城已建起了皇宫。皇宫里住着一位娘娘，这位娘娘额角上长了一个疮，疮好后留下一块小疤痕，她心里腻烦得很，只好在头上斜插上一朵鲜花，把额角的疮疤挡住，谁知这样一来，竟显得更加俏丽，增添了几分姿色。于是妃子、宫女都竞相效仿，宫里戴花成风。无奈的是，这鲜花戴不了几个时辰就蔫了，有时一天要折腾好几回，到数九隆冬还要到处找鲜花，挺麻烦的。

一天有个太监告诉娘娘说民间有用绒绢做花的手艺人，可以替代鲜花。娘娘听了挺高兴，就派人传旨意，让绒绢花艺人选最精的料，最好的工，做最美的绒绢花，规定时辰进贡皇宫，专供宫里佩用。

后来，戴花的风气从宫里传出，在民间也时兴起来，成为习俗。不光大姑娘小媳妇喜欢，就是老年人、小伙子也讲究戴花，花的样式也日渐增多。逢年过节，人们都要戴朵绒绢花，谐音"荣华"，图个吉利。由此而来，戴鱼形花的，取意"富富有余"；戴蝙蝠形花的，取意"带福还家"；戴百合花的，取意"长命百岁"。还有什么"龙凤呈祥""三仙如意""聚宝盆"。女人鬓角上戴花，男人帽子上插花，越来越花哨。

戴花的人多了，民间做绒绢花的艺人也越来越多。艺人们都集中到一个地方去卖花，这个地方就形成了一条独特的大街——花市大街。至今，在北京城东南地界的崇文门外，还有这个地名呢。

要说北京的绒绢花名气大振，那还得说起一档子事儿。

有一年严冬时节，寒风嗖嗖地刮，突然有一天，慈禧太后心血来潮，想起了唐女皇武则天降旨，令百花一夜之间盛开的事儿，她立即传下圣旨：限令四季花神，聚集御花园内，三天之后的申时一齐开放。

亲信大臣领了慈禧太后的谕旨，心里打开了鼓，则天武后严冬时节赏百花，只是个传说而已，可当今……心里这么想，嘴上可不敢吐半个“不”字，他吩咐仆从把东南西北四城暖房花洞的把式都给招来，让花把式们去办，还威胁说，如果办不到，莫怪王法无情。

花把式们一听，就如同烧开了锅的水一样，吵吵开了。这个说：“数九寒天，滴水成冰，把鲜花摆在露天里，那还不都冻死个球的啦！”那个说：“这事儿可真挠头，就是把花房暖洞里的鲜花都凑起来，也怕摆不满御花园的一个犄角吧！”

这时，有一个戴毡帽的老花把式捻了捻下巴上的胡须:“就三天的期限，唉！别争了，咱们快回去想想辙吧！”花把式们一个个唉声叹气的，各自回了家。

那个戴毡帽的老花把式进了家门，坐在炕沿上一烟锅接一烟锅地闷头抽烟。他老伴沏来一壶茶，他闺女忙上前给斟上一杯，母女俩连声问是怎么回事。老花把式就是不吭声，急得老伴团团转，急得闺女两眼充满了泪水。

老花把式憋不住心头的怨气，抬起头来瞟了老伴一眼，又瞧了闺女一眼。这一抬头，不由得心里一动，嘿，天无绝人之路，这倒是个办法呀，不觉得脸上露出了一丝笑容。原来，老花把式抬头瞧见了老伴和闺女戴的绒绢花，寻思着，何不找做绒绢花的手艺人来帮忙呢。他连忙让老伴和闺女分头去找花把式们和做绒绢花的手艺人们。

本来做绒绢花的手艺人们同养鲜花的把式们非常熟悉。你想啊，做绒绢花的手艺人三天两头往花把式这儿跑，为的是做出的假花能仿真。他们都是熟人好友嘛，所以，不一会儿工夫，就招呼来了那些个有名气的手艺人，“花儿金”“百花王”“月季孙”“神卉刘”“牡丹李”……一个个花神巧手会聚到花把式这儿，真是天下穷人帮穷人，手艺人心向手艺人，遇到遭难的事，能撒手不管吗？

经过大家的合计，把全花市大街九九八十一家做绒绢的手工作坊，连同城里城外，能做绒绢花的零散手艺人都发动起来了，有的拿花模子、木杵；有的拿烙铁、麻绳；也有的拿铁丝、糨糊；有的把白面土泥一和，揉搓成豆果；有的把土黄土绿掺和上蛋清，涂上了叶片。嗬，真是一派繁忙景象啊。

能工巧匠个个是“花神”“花仙”，在他们灵巧的双手下，一丛丛、一棵棵娇艳多姿、妩媚动人、滴翠溢香、形态逼真的各种各样的花做出来了。那仪态端庄、吐蕊盛开的牡丹，那浓淡相宜、含露欲滴的海棠，那英姿挺秀、丰满俏丽的菊花，那淡染胭脂的绯桃，那缀满枝头的金橘……真是百花齐放，千姿万态，争奇斗妍，花团锦簇，满园生辉。只用了八九七十二个时辰，这十二月的花神都应巧手艺人们之邀，请到御花园中聚会来了。那慈禧太后如愿以偿，对着隆冬盛开的百花，虽近在咫尺，却难辨真假，是不必细说了，就是那在京城的各国使臣，被邀到御花园里来赏花，面对着这酷似鲜花、胜似鲜花的绒绢花，也一个个瞠目结舌，惊叹不止。

后来曾流传一首竹枝词赞誉道：“梅白桃红借草濡，四时插鬓艳堪娱。人间只欠回春手，除却京师别处无。”

清朝时著名的“花儿刘”刘享元制作的绒绢花，曾经在巴拿马万国博览会上得过奖，那“花儿金”的手艺也是名扬中外。从那以后，京花名声传四海，世人都说“京师绒绢花甲天下”。

附录二　老艺人夏文富口述史：谈绒制品创作

题记：20世纪80年代，工艺美术学会的创始人徐锋，看到很多北京工艺美术行业老艺人逐渐年老体衰，甚至去世，很多技艺成为绝艺，人亡艺绝十分堪忧，她凭着强烈的责任心和使命感，投入到技艺抢救和挖掘保护工作中，只借助自家的“砖头”录音机，便完成了对126位北京工艺美术行业艺人们的采访录音，完成了500多万字的从艺经历和技艺经验总结资料，这些资料涉及36个行业。在北京绒制品行业工作了近70年的夏文富老艺人即是其中之一，现在虽然老艺人已经离世，但徐锋的这一举措为他留下了宝贵的口述资料。在这份口述中，夏文富既谈了绒制品制作中的技艺技巧，也谈到了他从艺过程中的创作经验，特别是谈了他在绒制品创作中的亲身体会与经验。

谈谈创造。对我来说创造不是简单的事，在我这儿，多半就是研究新样子。最开始的老习俗就是做北京三节用聚宝盆，之后又研究清花，烫瓣的菊花、烫瓣的牡丹、烫瓣的千层莲、烫瓣的西番莲等，这都是我20岁以后研制出来的。我24岁时，做了不少东西，有八仙人、烫瓣的如意蝴蝶等。那时候研究的花，都是梳头用的花，就是头戴花。那时年轻的姑娘、媳妇都是梳头，农村里到现在还有。后来时兴剪发，那一阵子行业里很是为难，因为都剪了发，谁还戴头花呀。时兴剪发烫发后，我们就研究发型，按照发型研究怎么戴花，像偏枝、吊翎、压鬓等，净研究这个。往头上想，分析研究发型，琢磨做出这个绒花来戴在哪合适。创造最多的时候我在天津，那年我30岁，到那里创作的第一个活儿就出名了，也就是说如果没有这一个活儿，就拢不上大号（即需求量大的客户）。主要卖给天津的公馆、院子、店家这些商户，你没有好活不行。天津风俗以花为主，比如结婚，男方女方亲友送什么呢？不送别的，送礼送的全都是花，绒花是礼品，是实用品，是结婚办事和过节的必需品。上自王侯下至乞丐，结婚全得用绒花，这个比一般的东西都重要，所以到天津后我的创作就多了去了，以花为主一个月一个样子，造型没有重样的。做的东西名称也多了，像百世莲喜、送莲成喜、世世如意、万年红喜、万事如意等，现在已经很多都记不清了。这些创新有很多。

五月过端午节，天津的小老虎跟咱们这里的小老虎不一样。天津的小老虎细，都是大批量活儿，五毒也比咱北京的五毒细。八月节的桂花兔、螃蟹推扒月，这活儿又是另一个样。年活儿呢，名称一般就是万象聚宝盆、玉兔聚宝盆、三仙聚宝盆、金马驹聚宝盆、肥猪拱门聚宝盆、百世聚宝盆等。绒花做出来的全是吉祥活儿，有的像吉祥图案似的，这是根据地域风格研究的，颜色也是按地区风格配的。我认为颜色是主要的，到现在我还常想这个，为什么现在做出来的活儿就不合适呢？或者说为什么卖得少？一般都跟颜色有关系，缺乏风格。过去很多地方怎么配色是有讲究的。如果是走东北的客商，配出色做出来就得合适，东北以深粉、灰为标准，百分之一二的大红，剩下一律是灰，你给他用大红他也卖不了啊！给别人做东西这些全得掌握，你到开封以南，像青岛这个地方，一律大红多。得根据那地区的需要来做。到了西安、兰州、山西这边，是大红套花色。现在我们为难的地方是全世界哪个国家喜好什么颜色，你都得知道。举个例子，你去日本办展览，要是做荷花，他反对，他说死人才做荷花，不明白为什么你到他那做荷花，这样就起了反作用。你要是到捷克去，他们都喜欢灰色的东西，因为他们那里日照时间短，太阳出来一天照不了两三个小时，要再给他大红、大绿的就不行。所以我们这行，难就难在你如果不掌握他的风俗习惯，在创作上就会出问题。

在天津待了8年后，我在1950年回到了农村。回到农村我还做这个，做完就送到天津。1950年年底我就回到北京了。

回到北京还是做头花，细活儿在北京还行。东安市场最近都卖绢花、特种工艺品。他们提议："头戴的绒花大多被淘汰了，能不能研究做个不使纸板，直接用腿站着的绒鸟或绒兽？"我说："我研究研究。”当时各个部门都卡你，说你这个料太碎太轻。可费了一番脑子研究，我研究了4个月。1951年，我就把活儿送到了“新都（商场）”，但新都有一个条件，说您的活儿不准给别人，这样就垄断了。因为那阵只给一家做，有的给编个号，有的给起个名，鸟的颜色不多，那阵就做七八个色，红绶带就是红绶带，粉绶带就是粉绶带，绿绶带就是绿绶带，单摆浮搁，什么色就是什么色。用其他色，不如用点巧色。在它那卖了一年多，那阵代卖的有“秋寿”“季友”“美华”“松胜”，门脸有五六家。1952年到1953年工贸两方协商做绒鸟，我就研究要掌握它需要什么方法。比如做长尾鸟，就要抓住尾巴和尾台的夸张。做短尾鸟，像黄莺、鸽子，要抓住它的神。做鸟做它在睡觉或闲着的样子，做得太细但没神，也不好卖。画画有一个虚笔，画个鸟要画出它的神，虽然上边没有东西，但仿佛让它看着有东西，我就抓它这个神态做，它如果往下看，得做成好像下边有东西，其实那没搁东西。做鸟时我研究怎么做，研究构图、造型，有时总看着乱哄哄的，我老瞅着不顺眼。

1953年，绒鸟产品交给出口公司，我拿过去一盒样子，是铁腿的，这铁腿起了很大的作用，到如今大小全是铁腿。

1957年1月18日，我调到了工艺美术研究所，研究了花鸟、山石粘鸟、松枝鸟等，以前都是单鸟，这时又创造了有两个鸟的。在研究所做了六七年的鸟，在做花、鸟等花哨东西的过程中，我发现做花卉跟国画没有什么区别，不过就是做成了立体。画面构图一定要掌握它的构图章法，做两个鸟必须要有彼此的呼应，传神或者夸张，我认为这样做是对的。我就是这样边想边做。

我对创作有这么个看法，我也经常跟学员、青年们说：“跟师傅学时，如果只是师傅做一件什么我也做一件什么，这是不行的。师傅这一辈子保不准就做过这么一两件东西，你只学这个起不到什么好效果。真正能够起效果的是要学师傅活的东西，就是无论做什么，脑子里得有这个东西，它的结构怎么搭，怎么处理，你用什么办法，应落实到什么程度，达到什么效果，得把它掌握住。”总的说，这些经验就是这么积累得来的。

（注：夏文富老艺人在20世纪80年代前后，为中山公园制作了一些非绒制品，这些作品都是大型的、安置在室外的，虽然不是绒制，但也是依据做较大型绒制品的工艺方法制作的。）

1979年，我为中山公园做了一对仙鹤，那是我经历了很大的困难，做了7天完成的。这个作品的要求是不怕风雨，再有就是尺寸有1米8，咱做绒花的哪做过那么大的！不管怎样，我把这个活儿应下来了，那真是连走着道都在想办法，想怎么样让它动，怎么样让它不怕风雨？最后特艺公司和我们双方研究，决定用铁丝绑架子，但是不知道合不合适。当时心里就想这仙鹤的比例好办，可姿势和动态不好办。比例按规定说是“三停”，仙鹤的“三停”是脖子、腿、身子一般长，这是规律。可是到做上时就不能完全按规律做，要考虑实际情况，得夸张它的脖子，夸张它的腿，身子稍微短一点，这样才不难看。可也巧了，那天上班没火柴了，我买了一盒5分钱的火柴，火柴盒上那个图案正好印着一对仙鹤。这可好了，我就按着那个图案做，还做得挺好。几年了，冬天一没有鲜花，就把它摆在那儿。做这个还得研究它的紧固性。这就是中山公园门口摆的那仙鹤。多少人跟那里照相哪！这对仙鹤不是绒的，是漆的，里头是铁丝绑的架子，羽毛是拿漆画的（为了防雨，这对仙鹤不能用绣绒制作，但是按照制作绒鸟的工艺完成的）。那羽毛的里皮是12号铁丝绑的架子，外边糊了5层高丽纸，纸上涂漆，跟漆木器似的，一上漆贼亮，白漆是乳胶漆。但这样又显得假了，所以浮头又糊了一层蓝色布，这样它就既坚固又不怕雨淋了。可是在膀子上那些小窟窿的地方，全得弄严了，因为不弄严了就会进水。经过临时研究，我们决定浮头用黑调和漆画羽毛。这对仙鹤是做的鸟的大件。

1981年，我还给中山公园做了花果山，花果山上有7个猴，其中孙悟空的尺寸要1.5米，这又是一个难处。当时在中山公园西南展厅外的空场上，用破木板子扎了一个5米高的架子，我想那铁丝架子不会坏，那猴也不至于坏。1.5米高的孙悟空我做了35天。7个猴个个姿势都不一样，要做猴我就得耍猴，在耍猴时我观察它的架势、姿势，觉得行了就照着做。孙悟空的两根雉鸡翎是铁丝外面用纸糊的，也是用漆画的，里边是纸外边是布，像虎皮裙、披肩这些衣服通通是画的，猴毛也全是画的。所以说在创作一个东西时，你必须脑子里有它，没有它你就不敢应这活儿。

做这些跟人一般高的形象，而且它还是武术动作，上头那孙悟空站着，底下一个小猴就像舞台上的打更报事的，就这样的两个姿势，要抓住神。在做京剧舞台动作时，脑子一点儿也不能闲着，一边扎着架子，一边琢磨着这么弯那么弯，我扎架子从头到尾、从上到下全凭几根丝撼，两头的接头完了用电焊一焊，中间没有接头的活儿结实，不会动颤。这些都是比较难的地方。在缺乏参考资料时，就靠自己脑子想的做。我跟青年们说，我们出去看戏或看别的，每到一个地方，每走到一处，脑子里头都要搁些东西，必须达到这个程度。我记得美术老专家讲过一句话，说如果我们要画一个东西，往那一坐一眯眼睛，就好像那东西就在你眼前搁着，必须到这种程度，你才能发展。临时现抓不行，抓不了那么好，艺术、技术都离不开这个，这是一个很重要的地方。可是你尽研究猴的动作也不行呀，还要研究摆的场面，研究哪个猴放在哪个位置，因为它是一个整体构图，不是只做单个猴，这样做出来还是有很好的效果的。猴山做好后受到了观众的欢迎。那年“十一”正赶上刮大风，不到一周就把这花果山拆了，糟蹋了不少花。还有一年，我给青年艺术剧院做过两只鸟，我曾看过他们拍成的电影，那两只鸟上头吊一根丝从天上飞过去，效果还不错。这是创作新鲜的东西。

当时个别的产品做的还不少，现在讲也讲不了那么全。头花头两年做了一些，做的时候以客户的需要为出发点，他往哪用，他这头花往哪戴，制作者和使用者必须一块儿把它说清楚。

我给演员周曼华做的“十二双”是过去普通的那种小头花。后来又给剧院、评剧院、评剧团、京剧院做了不少。另一处还有歌舞，像中央歌舞团的那个荷花舞，由他们提供要多大尺寸，怎么用，那一套头箍全是我做的。京剧就更甭说了，那年咱们国家几个省的京剧团出国演出，都不用我们平常生产的东西，都有特别要求，还有评剧《清宫外史》用的那套牡丹花，那头花也是我做的。

所以说一个东西起到什么作用，脑子里得有这个印象。做什么东西，人家有什么要求，我们要达到什么目的、什么效果，人家一说我们心里就得有数，这样这个东西做出来就合身。什么朝的人穿戴什么，这个你都得懂。拿清朝来说，像压鬓、甩枝、戳枝等，他这头上的一套东西如果你不懂，那你就没什么可创作的了。什么叫压鬓，鬓是鬓角的鬓，舞台上的人物在鬓间上戴的那个叫压鬓。戳枝、甩枝、压鬓用的花也不一样，不论做什么样的题材，攒出来就得是相应题材的样式。大小你得掌握好，这是个活的东西，又没有画稿，它不需要画。这么说吧，可能你这一个还未画完呢，它的花样子已经出来了。所以平时用不着画稿，因为它又不是讲分解，里边也没有什么线条。比如我做一个“喜”字，变换一个花样，当时就做出来了，还用画干什么？所以用不着画，这是创造，我们要有能力掌握这一点。

再谈就是建筑。我所做的几个建筑大件，第一个是1952年办展览要的一件“天安门”。当时没有天安门的图，就靠印象。当时杨士惠他们把我找去了，他们讲：“这是咱们的第一个展览会，这个活儿是联合会里给原料，但不给工钱，纯义务，10天就要完成。因为要做几个大件，考虑到这天安门没法让别人做，就给你留着，让你做。”我说：“我屋里那活儿还有一拨出口合同呀？”于是我立马把别人请来做我屋里的活儿，我去做这“天安门”，估了10天，比较糙。我们一共是3个人，一个是顾宏刚拴拍子搓条，一个是叶成发。有人提出说：“我们也没什么照片和资料，得到天安门去瞅瞅，体验一下。”然后我们就站到金水桥那儿看，看完了回来绑架子。因为没有图，比例得自己找。做建筑的东西，我自己的体会是按真正照片的图不行，咱瞅着天安门图片那么美、那么高，但其实它是个平面，不是立体的，如果按那个就做不出来。

说说找比例，比例得单开了找。好比高多少倍，宽多少倍，厚多少倍，哪层跟哪层多少倍，你得这么一笔一笔地找，这么找能找出来，但是如果整体找，换一个角度比例就不一样了。虽然尺寸也是一样，但差得太远。真正做建筑，跟人的视觉比例效果是不一样的。

我是先研究瓦垄，这瓦垄是一根深条做反阳瓦垄，一根浅条做阳瓦垄。这不行怎么办？我是底下用粗条，粗条绒薄给它烫扁，铺到底下作为阴瓦垄，浮头单粘条，让它鼓出来，又省料又省工，效果还好。我早就想试着把建筑的东西做一做，可是不敢做，如果一年到头就做了一个建筑，那还吃饭不吃饭？

中华人民共和国成立以后，我在党的大力支持下才得以实现建筑的愿望，去遛弯儿也好，专门体验也好，我看见什么就往脑袋里搁什么，这个习惯对我的创作帮助很大。

后来决定按我测算的比例试做绒制天安门，说是一个模型还真算不上，就算是一个欣赏品或纪念品，反正做出来往这一搁，让你一瞅是这么个东西，不难看，这样就行了。这做绒花的要做天安门，有史以来还没有过，做天安门我是第一个！结果10天做出来了，连底座带天安门是两个人抬着送到天坛展会现场的，经时任北京市市长彭真审批摆在天坛供大家欣赏和交流。那可是新中国的第一个展览会，这件作品特别受到了苏联学生和青年们的欢迎。

我做的第二个大建筑就是天坛，一共做了3个，3个一般大。1956年做了一个，1957年一个，最近又做了一个。为什么要做天坛？是因为外贸出口公司要出国办展览，对方指定要一个天坛。公司找我做，我说："得说清楚条件，不说清楚了我不能做，条件就是需要追的地方我们追，不需要追的地方我们不追。比如瓦垄多少条我们不追，窗户是梅花锦我们也不追，那梅花锦没法做，太小了。" 栏杆要准数，台阶要准数，窗户要准数。这些全谈好了，才动手做。可是这天坛我那时候还没去过，中华人民共和国成立以前我也没去过。后来中华人民共和国刚成立，不让进，里头驻着军队。可巧那回军队刚搬出去了几天，赶这机会，我就去看了。在天坛里看到祈年殿，我就坐一边眯瞪着眼睛琢磨。人家画画的能坐那一两天，我不行，10分钟一过心就乱了，什么也抓不着了。就一过，进身多大，面积多大，柱子多少根，有数的东西掌握住了就行了，我主要找它上下的尺寸。天坛是3层檐子，我是怎么找尺寸的呢？你整个看也看不过来，就从它这个边看它头层多大，二层多大，三层多大，就找它的高度，距离也是这么找，头层离二层多高，二层离三层多高，是不是平均，不平均的话它差多少。这样大概就掌握住了，我是这么找的，也是这么来体验的。

从天坛一回来，我就绑天坛架子，绑第一个天坛架子的时候，费了一些脑子，因为要考虑它的比例合适不合适。我们做绒制品的跟做象牙制品不一样，它们是由外往里去做，我们是由里往外做。架子要瘦，绑肥了不成，但在有些地方它又要多出肉来。就是说绒条得长出多少，二层这檐子得托住，这些是要找到中间的梁，得算计好它长肉的地方。乍一绑出架子来，你看着瘦，但得考虑它是骨架子。架子绑出来后，难处就来了，外贸出口公司的领导到我们这里来参观，提了个意见，说这东西最好考虑考虑它的比例，最好搞3张照片，一张空照（俯拍照），一张平照（平视），一张陆地照（站在地面直视），找这3张照片，有了参考再做。为此，我买了一张1尺2的陆地照，当时没有空照和平照。之后我就拿着这张照片到照相馆里跟他们讨论去了。我问他们："这个照片中的天坛，底下缩小了多大尺寸，中层缩小了多大尺寸，顶上缩小了多大尺寸？也就是说1丈还差多少？2丈还差多少？10丈还差多少？"问这比例数。人家照相馆的说："您可千万别瞧着照片做，要是照着照片做，您做一个砸一个。"还说，"照相拍1丈高跟底下差多少，10丈高跟底下比例差多少是有透视变化的。"我一听没辙了，我就拿照片按比例做尺寸，直径2尺4，底座80公分，祈年殿也就1尺多，顶上还没有蚕豆大。画出来一看，我说不行，照片做不行，如果按照片缩，底下多大，中间多长，上边多大，赶到顶子上只有这么一点。我一看不行，干脆就自己考量着来吧，就这样我把这个顶子画出个样来，再和那上边比着看。这样行，就得这么办。

建筑这东西要按它实际比例数来做会差得很远，所以要自己考量着来做，这样做完后我自己就看着舒服了，没有什么出入了，这活儿也就算过关了。我认为研究这些东西对咱们以后还是有益的，如果做建筑就别按实际比例，按你本行业，你看着舒服了，只要它不是细高，也不是闷气，这东西就行了。艺术的真实不等于生活的真实。艺术品有的是不能按比例的。绒制的天坛必须得突出祈年殿。

这个天坛没有天天做，有工夫就做点，那阵我是厂里的副主任，事又多，就没怎么做。总的算起来也就是5个月的时间，不到一年。

赶到天坛这活儿做得了，受到了出口公司的欢迎，也受到了群众的欢迎，我现在手里还有照片。做完就送到广安门外的出口公司，当时出口公司马上就要第二件。1957年，我调到研究所，把第二件的半成品也带了过去。记得当时有的领导说不愿做大件的东西，因为做大件的东西太担心。这一件东西做出来，人家看着说还成，这没事。若一件东西做出来，人家一瞅说不合乎规格，拿不出去，这心里就会窝火得厉害。如同你画一件东西，出去受欢迎，回头也利用上了，这当然高兴。如果画出的东西让人家一通贬，这就麻烦了。虽说不可避免，可我们自己不让它出这样的问题才好。

再有就是我做的第一个“九龙壁”，是业余时间做的，差不多做了两年。在研究所上班白天没空，回到家高兴了就弄一两个钟头。那个东西没人订，只是自己业余时间做。后来这个东西跟大磨坊那个地方合作做成了，人家张老艺人（张宝善）是工作时间做，在午门展览。杨士惠老师看了很中意，回去就说：“夏老师您可快快地把您那个做完了。”我说我那骨架都有了，他说：“您让长林（夏长林，夏文富之女）帮助您做……”这样研究所就让张世铎、我姑娘夏长林，还有一个姓郭的来帮我，做得了在研究所搞了一个行业内小型展览。李鸿义做了一个象牙的《九龙壁》也参展了，我听李鸿义说他照片拍了一个多月，他是一截一截地拍，再往一块儿接。一截一截地对就费劲了，它不是高就是矮，但它得对成一条线呀，这个难，人们照相也没一定准把握。赶到李鸿义来看展，才刚走到屋门外头往那一看，就喊了一声：“好！”夸我那《九龙壁》真有气魄。结果从展览会上刚撤下来，服务部就说：“得了，这个归我们了。”服务部问：“说给多少钱呀？”研究所就问我去了，我说让他们给1200块钱算了，苏立功跟杨老师还没跟服务部的人说多少钱，服务部就给了1000块钱，然后抱走了。

这个东西有2尺，现在我家就有一个。做这个，你不能按那真的去做，你按真的去做绝对不好看。几条龙的几种姿势参考照片，可照片照的都是带透视的斜面的，龙后头那小的就看不见了，就得去北海公园看。我做的时候还把象牙厂的黑白照片借过来了，作为参考。九龙壁那龙叫把式龙，把式龙就是武术的，它讲4个字——踡、张、蹬、打，这是4个把式。做龙的时候把这4个字掌握住了，做出龙来、粘出爪来才能有力量，有那个精神。这4个字就代表了龙的动态和龙的精神。还有一个九龙壁是浮雕式的，那个龙是砖上烧的，全是半浮雕式。我做这个壁是先把壁全做好，浮头的龙是粘上去的，这样浮出来就显得活了。如果这龙砌进半拉身去，它那玲珑性就差了，就显得平板极了，层次也差了。所以我们做东西必须得夸张，北海九龙壁的两边，东边是红的太阳，西边是白的月亮。再有九龙壁的颜色是七色组成的，是琉璃的。我做的时候也基本上是七色组成，但是在这七色上又有变化，比如说斗木是绿的，到我这做斗木就是四色，可是四色不脱离绿，四色就是浅、深、深、深这么套下来的。也就是说有颜色上的夸张变化，但绿的还是绿，蓝的还是蓝。这样颜色漂亮，层次变化多，这就是艺术加工。我做的时候是基于这个想法。

说到做建筑，还有一个是角楼。那年冬天咱们这里给开了一个证明，然后我到故宫城墙上去了一趟，看了看角楼。主要是看台阶，因为从外头城底下看不见。再一个就是看它的滴水，檐子大小、长短。如果檐子短了，做出来细高，出来大肚子似的，艺术就没了。所以我做建筑的檐子，多少要夸大。角楼在中国古代的建筑里，算得上是最复杂的一个建筑。九梁十八栋，整整七十二条脊，做的时候是很难的，做的方法我之前讲过，它的距离、高矮，骨架子复杂，在绑架子的时候很麻烦。再有下料剪铁丝的时候，用多长得计算出来，做这个多高，直径多大，断丝的时候就得差不多。如果短了中间一接，这架子就废了。所以做东西，我要先考虑好尺寸，也就是说心里先有一个谱儿。角楼是三层，三层的距离跟天安门和天坛的不同，它是头层高，二层矮，三层高。三层高到它那4个脊上，角楼二层上头有两道横脊，两道竖脊。就这脊的尺寸得掌握住。多高的柱多高的脊，再找出龙脊来。这距离尺寸是多少，得先考虑好。如果3根稍微矮一点，短一点，这脊搁不下，这脊就矮了，做建筑必须把尺寸计算好了。掌握了之后在绑檐子的时候，也要考虑，要心中有数。我是怎么考虑的呢？就是从一层的檐子到底座套尺寸，底座滴水落到什么地方，把它找出来。二层檐子看滴水落到什么地方，把它的垂直位置找出来。三层檐子也是一样，也得找出它的垂直位置。做角楼的三层檐子得夸张一点，要底下大上头小，弄不好成了尖顶，所以必须把它的顶子、檐子做得夸张一点。底子一做小了就不雄伟了。中国建筑飞檐翘角，都是几层的，必须把这顶子做好了。

附录三 报纸上记载的北京绒鸟（绒花）

1953年9月11日《北京日报》

北京现有绒绢纸花作坊四十多户，家庭手工业三百多户，全部利用手工制造，供给坐商或行商贩卖，各大城市如天津、西安、开封等地盛销头戴绒花、大红光绒花、绒凤冠等。外销于苏联及各人民民主国家的，以形象逼真的纸花、绒兽等为主。

1958年8月《北京晚报》

北京市绒鸟生产合作社创造出绒飞禽、走兽、山水风景新花样六十多种。用绣绒做绒花在北京已有很长的历史，但用绣绒制绒鸟还是解放以后才开始的。几年来艺人们曾经制出各种类型的鸟三十多种，不但花样增多了，在颜色的配合上也恰到好处。过去一只鸟有四五种颜色，现在增加到十五种左右。由于这个行业不断提高艺术水平加之生产人民喜爱的作品、产品，所以在国际市场上供不应求。

1959年7月25日《北京晚报》

一件大型的艺术作品——绒制北海九龙壁经过北京绒鸟社著名老艺人张宝善精心制作，已经全部完成，不久将运往广州，在出口展览会上展出。张宝善是绒鸟社的老艺人，做绒鸟著名，但是用绒制品做名胜古迹，而且采用浮雕的艺术手法这是第一次。

《九龙壁》长66.5公分，高15.5公分，宽4.05公分，比真正的“九龙壁”缩小了40倍。壁身做工精心，壁上的九条盘龙姿态各不相同，一个个栩栩如生，在滚滚海水之上、云雾中神情各异，形态十分逼真。

1960年《北京晚报》

郎绍安老艺人初次和绒鸟老艺人夏文富合作，创作出《郑成功收复台湾》。

1960年12月23日《北京晚报》

北京绒鸟厂的特种工艺工人不断创制新花色、新品种，产品花样由过去的三十多种增加到三百多种。近年来，绒鸟产品的艺术水平提高很快，原来只能做一般的头花、喜字、聚宝盆等产品，现在已经能做各种形象的鸟、鱼、昆虫和植物盆花、山水挂壁以及各类型建筑物等。最近在老艺人张宝善的指导下又创作出了一种绒制孔雀开屏，形象逼真，栩栩如生。他们还研制出三十多种玻璃的头花供应市场。

1961年6月15日《北京晚报》

北京绒鸟厂开展群众性创作活动，在最近的一个月制作出三十多样新样式的绒制小产品，其中有小饰品别针、头花、扣花、麦花、灵芝如意等样式。绒制小玩具花样也比较多，还有小宫灯、小壁灯、小花盆、滑稽小兽、小花猫、放鞭炮等。

1961年9月17日《北京晚报》

北京绒鸟厂最近试制一批新产品——绒制昆虫，其中有逗人喜爱的蟋蟀、蝈蝈，栩栩欲飞的蝴蝶，蜻蜓形态自如地停落在枝头的花卉上。

工人李桂英制作的《荷花与青蛙》很有特色，简单的结合，却有深沉的诗情画意。

1963年1月20日《北京晚报》

生产北京人民喜爱的传统产品，许多手工业厂社准备在厂甸设摊，这些日子不少手工业厂社都在兴奋地忙碌着，正精选北京人民喜爱的传统产品，准备今年厂甸开放时到这里搭棚设摊，以便广泛地听取消费者对手工业品的意见。北京绒鸟厂和北京绢花厂准备了绒绢纸花、绒鸟、花篮、纸灯笼、寿球等近千种，要在厂甸搭起两座花棚，挂起灯笼，草牌子上插满绒绢花，好像厂甸街头的两个大花坛。北京绒鸟厂老艺人张宝善和厂里的老师傅一起研究，为厂甸做出了不少传统产品和新产品，其中有妇女喜爱的大百合、喜字、绒菱福、聚宝盆等多种多样的头花。

1979年12月1日《北京日报》："宛如无声的动物园"

来到北京绒鸟厂的样品间，真好像进了无声的动物园。这个厂生产的鸟、兽、虫、禽等一千多个品种的绒制品，如今已销售到九十个国家和地区。

北京绒鸟起源于绒花，始于清朝。那时，皇宫要用百花祭神，严冬没有鲜花，民间艺人创造出了逼真仿鲜的纸花取代，后来绒花、绢花相继出现。但绒花行业中分支出绒鸟一绝，还是在全国解放以后。

五十年代末期，绒鸟艺人在艺术上大胆探索，陆续创作出“石坊”“群猴闹山”“狮子滚绣球”“大龙舟”等大型艺术品。那“大龙舟”取材于端阳节赛会的龙船，舟身宛如一条巨龙，身负宫殿式楼阁，踏破万顷碧波而乘风飞跃，显示着人民的智慧无穷，祖国的前程无量。绒鸟业从此成为了我国一枝独特的艺术新花。

绒鸟生产，原为一人包揽到底，现在已经形成流水线作业。蚕丝经过染色、批、拴、剪制、贴合、整形等三十多道工序，逐步变成一群呼之欲飞、唤之欲行的鸟兽。一位年轻的女工手指捏着一支彩色丝刷，用剪刀轻盈而迅速地剪铰着，散落的丝绒一片片从指间流出，鸟儿先头后尾逐渐形成，她手一挥，鸟儿便“蹦”到女工手中，粘上了眼、嘴、腿、翅膀……

六十多岁的老艺人夏文富，大胆创新，下了巨大的功夫制成出国展品《北海九龙壁全景》。老艺人为了从作品的比例、结构、配色、形态处理上创出独到的风格，在北海九龙壁四周不知落下多少脚印；北京城郊凡是有龙图案的公园名胜，他都去看过，还收集了大量不同姿态和颜色的蛟龙资料和照片，他把壁上的蛟龙先单个制作成型，再按要求缩小。夏文富手下的九龙壁，龙身彩纹精细，壁上神态各异，远远望去，蛟龙正拨开滚滚海水，跃入云际，气冲霄汉，威武雄壮。

绒鸟，作为新兴的特种工艺艺术，正在新长征路上展翅翱翔。

1982年《北京青年报》："栩栩如生的北京绒鸟"

栩栩如生的绒鸟，是传统手工艺之一，至今已有三百多年的历史了。制作绒鸟的原材料，是用蚕丝加工成的绣绒。最初，除了用丝绒做各种鸟，还做花、鱼，以及"福""禄""寿""喜"等字样，这些制品在当时统称为"绒花"，为的是"绒花"与"荣华"谐音，表示吉利富贵。比如：凤凰，表示"龙凤呈祥"；鱼，表示"年年有余"；有的绒花状似宫廷里如意柄端上的花饰，表示"事事如意"。那时，封建宫廷的宫娥后妃把绒花作为头饰，民间姑娘在结婚时为了喜庆，也往往插戴绒花；老太太的帽子上也常贴着"福""寿"等字样的绒花。由于符合人们向往美好生活的愿望，加以物美价廉，所以，在旧日北京的庙会上，是销路很广的热门货。

在旧中国，绒鸟行业也和其他手工业一样，受到严重摧残。到解放前夕，北京从事绒鸟生产的艺人已寥寥无几了。解放后，在党和人民政府的重视关怀下，绒鸟手工艺得到了新生。1955年，绒鸟艺人组成了两个绒鸟生产合作社，1958年，又合并为北京绒鸟厂，产品已达一千多个品种，除了主要生产绒鸟外，还有花、兽、虫、鱼等。从蚕丝制成各种颜色的丝绒，再用彩色丝绒做出成品，中间经过三十多道工序，许多工序不但要求精细，更要求巧。一个小小的绒鸟一般都用七八种颜色的丝绒，多的要用十四五种。北京绒鸟做工精巧细致、绚丽多姿，用它们装点室内环境，馈赠亲友，乃至作为艺术品欣赏，都是独具特色的佳品。因此，北京绒鸟不但深受国内人民的喜爱和欢迎，也引得外国友人连声赞叹，爱不释手，争相购买。目前，北京绒鸟除了满足国内市场的需求，还远销亚欧美等三十多个国家和地区。

最近，北京绒鸟厂的同志们正按"提高产品质量，增加花色品种，薄利多销，内外（销售）结合"的方针继续努力，精益求精。北京绒鸟，将进一步展现新的姿容，丰富人们的精神生活。

1983年10月17日《北京晚报》：“绒花绒花戴起来”

解放前，北京的大姑娘小媳妇都讲究戴绒花。“绒花”谐音“荣华”，图个吉利。这就形成了旧北京一条独特的大街——花市大街。那时东起东花市，西到羊市口，南从元宝街，北至小市口，每天都摆满了卖花的摊子，我们这些做花的人家祖祖辈辈都住在这条街上。

我们这个行业世代相传，往上可考三百年。传说那时有个娘娘，额角有一块疤，便剪了一朵绒花别在头发上遮丑，于是别人仿效成风。最早的绒花制品都是供皇宫专用，以后才传到民间。花的样式也日益增多，像什么“龙凤呈祥”“三仙如意”“正凤偏凤”“聚宝盆”，越来越花哨。那时候的讲究也很多，娶媳妇聘姑娘，不但脑袋插上喜字花，屋顶也挂满绒花。老年人做寿，要戴福字花、寿字花。那时，广安门外六里桥有个财神庙，每年正月初二，逛庙的人摩肩接踵，女人鬓角上戴花，男人帽子上插花。有戴鱼形花的，取意“富贵有余”；有戴蝙蝠形花的，取意“带福还家”；有戴百合花的，取意“长命百岁”，无非是盼自己万事如意。

戴花人只知花美，哪知做花人的苦。那时我们这些做花的人大都是一家一户，自做自卖。干这个行当，不需要本钱，只需要一把剪子、一把镊子、一块硬木板就齐活了。每天买上三两绣绒，一家老小都插手做，晚上干到三更天，早晨天擦亮就挎上盒子出来摆摊。做花有个淡旺季，到夏天买花的人少了，我们这些人就去拉洋车，当泥瓦匠，卖大碗茶，找个饭辙。

北京城的绒花样子多，做工细，叫得响。山西、关东等外埠客商纷纷来京购买，他们常住在花市的客店里，把采购到的绒花运往各地贩卖。别瞧这个行当不起眼，它到底是中国自己的玩意儿。我们做花人在这上面耗了一辈子心血。没有图纸，样子全装在脑子里，那时每家做出的花儿都不能重样，这成了我们这行的一个老规矩。

自打解放，我们这些艺人也翻了身，政府把我们组织起来，建立了工厂。现在发展到六百多人，三十多道工序各管一摊儿，还有一个设计组，专搞新样子。我们现在不但做绒花，还做绒鸟、绒兽，远销欧美三十多个国家。外国人过节时，圣诞树上挂满了我们做的绒鸟，那真是有多少卖多少。我们用绣绒做的天坛、石舫、九龙壁还送到国外博览会上去展出呢！您看我们这行手艺现在越来越兴旺，已经名传四海了，您到北京来可别忘了买朵绒花。

1986年2月14日《中国妇女报》："新春话绒花"

北方有句老话，"糖瓜祭灶，新年要到，姑娘要花，小子要炮，老头儿要顶新毡帽"。多少年来，从旧历腊月二十三到大年初一，正是五行八作买卖兴隆、财源茂盛的时候，手艺人最忙活。

就拿北京的绒花来说吧，早年间，每逢到了新春佳节，喜庆日子，可是热门货，不论是大姑娘、小媳妇、老太太，甚至男人们都愿意买朵绒花戴戴。绒花，也确实招人喜欢，据说它有三百多年的历史哪！北京的绒花色艳、样子多，做工细，叫得响，就连外国朋友过圣诞节时也少不了在圣诞树上系几朵绒花。大家喜欢绒花，不仅在于用它装饰、打扮，更主要的是取其吉祥之意，寄托对美好生活的向往与追求。绒花与"荣华"谐音，表示吉利富贵之意。比如桃、石榴、佛手、聚宝盆做成的绒花，名为"三仙聚宝"，意为长寿多福，称心如意。把百合花、莲花、柿子、喜字做成的绒花，叫作"百世连喜"，象征好日子连绵不断。万年红加上玉如意，就是"万年如意"。莲花和鱼即"连年有余"。大红蝙蝠取其"遍地是福"之意。还有"福""禄""寿"等绒字，也称绒花。用于喜、寿之事，为的是取个吉祥。

那时节，一到年三十，从前门老爷庙烧香逛庙回来的人，不管是男的、女的，老的、少的，都插戴着满头绒花，"心头无限意，尽在不言中"。绒花表达了人们对美好的理想、情感、希望的追求，深受人们的喜爱。眼下呢，绒花也增加了不少摆件、挂件、头花、胸花等新品种。每到新春佳节，绒花便开满了京华。

1986年3月28日《花卉报》：“中国绒鸟飞到美国”

本报讯　一万五千多只绒制美国“州鸟”，不久前带着中国人民的友谊“飞”到大洋彼岸的美国。

绒制美国“州鸟”是以美国五十个州的“州鸟”为素材，按不同种类，分五个型号分别制作而成的，工艺精巧细致，色彩真实自然，用来装点室内环境、馈赠亲友都是独具特色的艺术佳品。

这批由北京绒鸟厂设计制作的美国“州鸟”分三十几个品种类型，形态各异，栩栩如生，受到了客商的好评。在今春4月15日的广州商品交易会上，北京绒鸟厂将有十五种美国“州鸟”参加展销。

1987年1月29日《中国轻工业报》：“一件件毛茸茸的小东西”

北京有一条大街，叫花市大街，据说是因为旧时，这里是卖绢花与绒花的市场，因而得名。北京绒鸟厂就坐落在这里。三十多年了，该厂的产品经历了三个阶段，开始是生产绒花、喜字、小花篮，后来开发了绒制的动物，包括小鸟、鸡等，现在，已经发展到第三代，就是各种人物，它们具有现代气息，像蓝精灵、圣诞老人、米老鼠。他们的产品在春节前投放市场，被一抢而光。他们按照西方习俗研制新产品，圣诞树、圣诞老人在一双双巧手中诞生了，受到外国顾客的喜爱。

1987年2月11日《北京日报》：“新颖的绒工艺制品”

本报讯　北京绒鸟厂为首都市场提供了大量绒制工艺品，其中彩灯花篮、滑稽兔、蓝精灵、山石兔等都是馈赠亲友的佳品。最近，该厂又生产出一批造型新颖、形象可爱的米老鼠、唐老鸭等新工艺品。

这些产品现在王府井工艺美术服务部、西单侨汇商店、天桥百货商场、前门工艺美术商店及前门廊房头条工艺品销售中心等处有售。

1988年4月15日《消费时报》：“新产品开发　企业上等级”

本报讯　北京绒鸟厂是个有30年历史的老厂，主要生产绒鸟、丝毯、皮件三大类产品，1986年以来，这个厂注重开发新产品，仅绒鸟一项就开发新产品100多种。1987年实现产值900多万元，利润90万元，产品出口额达436万元。

这个厂子建于1956年，当时只有140多人，固定资产不足1万元，产品只有绒鸟一个品种，经过30年的努力，现已有三大类210多种产品，职工达500多人，并有4个分厂、2个联营厂。该厂生产的绒鸟荣获轻工部优质产品奖，260道丝毯荣获全国百花奖银杯奖，皮件系列包被评为北京市优质产品，产品供不应求。该厂狠抓企业管理，严格奖惩制度，调动了广大职工的生产积极性，产品质量大幅提高，被评为“质量全优、信誉第一”的先进企业。近年来，这个厂大力开发新产品，把卡通产品引入绒鸟系列，生产各式各样的新产品，深受国内外消费者的喜爱。产品还多次代表国家参加在美国、法国、巴西等国举行的国际博览会。今年1—2月，这个厂在原料蚕丝大幅度涨价的情况下，靠开发新产品，提高产品质量和档次，实现产值127.6万元，出口交易额达66.8万元，比去年同期增长13%。

后记

AFTERWORD

《北京绒鸟（绒花）》一书终于写完了。在我参与申报的非物质文化遗产项目中，北京绒鸟（绒花）是非常想写的一本书。

其一，记得非物质文化遗产普查申报工作刚开始的时候，挖掘原崇文区的非物质文化遗产项目是一件很艰难的事情，经北京民间艺术家协会的面塑艺术家张俊显介绍，我结识了从北京绒鸟厂退休的李桂英，从她那里对北京绒花、绒鸟有了初步认识。一次去地坛公园参加书市的时候，我又偶遇了蔡志伟的父亲用拉车拉着一只绒制的大公鸡，我有了眼前一亮的感觉，这可是技艺高超的绒制品。后得知，这件作品的制作者是原绒鸟厂的职工高振兴的学生，这真是巧遇啊，源头都在北京绒鸟厂，项目就这样申报了。

其二，在李苍彦老师的引荐下，我参与了《中国工艺美术全集·北京卷》的编撰工作，负责编辑《其他工艺美术篇》，这篇中包括了北京绒鸟（绒花）这一品类，由首都师范大学研究生哈曼撰写了初稿。在编辑整理初稿的过程中，更加深了对北京绒鸟（绒花）的了解。然而真正开始动笔写的时候，还是感觉到有难度，好在此时结识了原北京绒鸟厂的蔡连生，又通过他认识了老厂长刘存来，通过对他们的采访，很多关于绒花、绒鸟、北京绒鸟厂的资料更加丰富。在传承人蔡志伟的帮助下，我磕磕绊绊地写完了这本书。

书中必定会存在很多不完整、不如意之处，但总算是为北京的传统手工艺留下一点可参考的资料。

《北京绒鸟（绒花）》的编辑出版，体现了北京市文联、北京民间文艺家协会对非物质文化遗产保护工作的高度重视，同时与李苍彦、石振怀等专家的指导帮助分不开，也与京柔宫坊（北京）文化发展有限公司的大力支持分不开，在此真诚感谢！

李俊玲

2021 年 2 月